KB138043

3~6학년
하루 한 장
초등 교과서
글쓰기

3~6학년
하루 한 장
초등 교과서
글쓰기

초판 1쇄 인쇄 2021년 2월 3일
초판 1쇄 발행 2021년 2월 10일

지은이 박재찬

발행인 장상진
발행처 (주)경향비피
등록번호 제2012-000228호
등록일자 2012년 7월 2일

주소 서울시 영등포구 양평동 2가 37-1번지 동아프라임밸리 507-508호
전화 1644-5613 | **팩스** 02) 304-5613

ⓒ박재찬

ISBN 978-89-6952-445-4 13590

· 값은 표지에 있습니다.
· 파본은 구입하신 서점에서 바꿔드립니다.

3~6학년

하루 한 장
초등교과서
글쓰기

박재찬 지음

초등학교 국어 교육과정 성취 기준에 따른 유형별 글쓰기 요령

경향BP

우리 아이도 글쓰기를
잘할 수 있을까?

"글쓰기 하자!"고 이야기하면 인상 먼저 찌푸리는 아이.
한참 지났는데 아무것도 안 쓰고 멍하니 앉아 있는 아이.
글쓰기를 하면서 한숨을 푹푹 내쉬는 아이.
딱 세 줄 쓰고 "다 썼다!" 외치는 아이.
쓰긴 쓰는데 말도 안 되는 글을 쓰는 아이.

딱 우리 아이 이야기인데 어떻게 알았냐고요? 이런 아이가 하나둘
이 아니기 때문입니다. 초등학교 교사다 보니 이런 아이를 매해 만나
오고 있습니다.

저는 해마다 3월이 되면 새로운 아이들을 만나고 그때마다 다음 두
가지 질문을 합니다.
"글쓰기 좋아하는 친구 손 들어 보세요."
"글쓰기 싫어하는 친구 손 들어 보세요."
글쓰기를 좋아한다고 손 드는 아이는 한 반에 다섯 명이 채 되지 않

습니다. 반면 싫어한다고 대답하는 아이는 열다섯 명은 되죠.

해가 바뀌어도 이 질문에 대한 대답은 거의 변하지 않습니다. 대부분 글쓰기를 좋아하지 않는다고 대답합니다. 그러니 수업 시간에 글을 쓰자고 하면 인상 쓰고, 한숨 쉬고, 대충 쓸 수밖에 없죠.

상황이 이렇다 보니 "선생님, 우리 아이도 글쓰기를 잘할 수 있을까요?" 하고 묻는 부모님이 늘어나는 게 당연합니다. 그러면 저는 이렇게 되묻죠. "아이가 글쓰기를 좋아하나요?"

글쓰기를 좋아하지 않는데 잘하기를 바라는 건 욕심입니다. 우리 아이가 글쓰기를 잘하기 바란다면 "어떻게 하면 글쓰기를 잘하게 만들 수 있을까?"가 아니라 "어떻게 하면 글쓰기를 좋아하게 만들 수 있을까?"를 먼저 고민해야 합니다.

이 책은 "어떻게 하면 아이가 글쓰기를 좋아하게 만들 수 있을까?"라는 질문에 대한 저만의 고민과 해답을 담은 책입니다. 해마다 글쓰기를 좋아하는 다섯 명과 글쓰기를 싫어하는 열다섯 명 아이와 함께 글쓰기 수업을 해 온 결과물이기도 하고요.

우리 반 아이들은 일단 학교에 오면 조용히 자리에 앉아 글 쓰는 시간을 가졌습니다. 뇌가 깨어나는 시간이라고 알려진 아침 시간을 활용해 꾸준히 썼죠. 매일 비슷한 종류의 글만 쓰면 지루하니 가게에서 좋아하는 아이스크림을 골라 먹는 것처럼 설명하는 글, 주장하는 글, 감상을 표현하는 글, 마음을 표현하는 글, 상상하는 글 중에서 쓰고 싶은 것을 골라 썼습니다.

얼마만큼 썼냐고요? 한 번에 너무 많이 쓰면 다음 날에는 쓰고 싶지 않은 법입니다. 그래서 하루에 한 장을 넘기지 않기로 규칙을 정했습니다. 이렇게 한 해를 보냈더니 글쓰기를 좋아하는 아이와 싫어하는 아이의 수가 바뀌더라고요. 참 신기한 일이죠?

이 책에는 제가 교실에서 진행한 글쓰기 수업 노하우가 담겨 있습니다. 글쓰기를 가르치는 초등학교 교사로서 제가 직접 보고, 듣고, 고민한 내용들이 하나하나 녹아 있습니다. 이 책을 통해 다른 선생님이나 부모님도 저처럼 책읽기와 글쓰기에 관한 신기한 경험을 할 수 있기를 바랍니다.

"우리 아이도 글쓰기를 잘할 수 있을까요?"

네, 잘할 수 있습니다. "어떻게 하면 글쓰기를 좋아하게 만들 수 있을까?"라는 질문에 대한 답을 찾아가다 보면 충분히 어제보다 잘할 수 있습니다.

더 나은 글쓰기를 위해 고민하는 대한민국의 부모님, 선생님, 그리고 우리 아이들의 '꾸준함'을 응원합니다. 하루에 한 장씩 써 가다 보면 언젠가 글쓰기를 좋아하게 될 것입니다.

박재찬 (달리쌤)

차례

3장 주장하는 글쓰기

4장 체험에 대한 감상을 표현하는 글쓰기

5장 마음을 표현하는 글쓰기

8장 많이 읽으면 잘 쓸 수 있을까?

초등학교에서는
어떤 글을 쓸까?

초등학생은 어떤 글을 써야 할까요?

아니, 초등학교에서는 어떤 글을 쓰게 될까요?

일기, 독후감, 편지글 등 다양한 대답이 나오겠지만, 초등학교에서 써야 하는 글은 정해져 있습니다. 교육부가 고시한 초등학교 교육과정 문서에 어떤 글쓰기를 해야 하는지가 명확히 제시되어 있기 때문입니다.

"우리 아이가 글쓰기를 잘했으면 좋겠어요.", "우리 아이가 꾸준하게 글을 쓰면 좋겠어요."라는 부모의 희망만으로 아이가 글을 잘 쓸 수는 없습니다. 초등학교에서 어떤 글을 쓰게 되는지 잘 알고 그에 따라 꾸준히 연습하는 게 필요합니다. 그냥 쓰는 게 아니라 '어떤 종류의 글'을 '어떻게 쓰는지' 생각하면서 써야 한다는 말입니다.

다음은 초등학교 교육과정(2018-162호)이 제시하는 국어 쓰기 영역의 내용 체계표입니다.

국어 쓰기 영역의 내용 체계표

핵심 개념	일반화된 지식	학년(군)별 내용 요소			기능
		1~2학년	3~4학년	5~6학년	
쓰기의 본질	쓰기는 쓰기 과정에서의 문제를 해결하며 의미를 구성하고 사회적으로 소통하는 행위이다.			• 의미 구성 과정	• 맥락 이해하기 • 독자 분석하기 • 아이디어 생산하기 • 글 구성하기 • 자료·매체 활용하기 • 표현하기 • 고쳐 쓰기 • 독자와 교류하기 • 점검·조정하기
목적에 따른 글의 유형 • 정보 전달 • 설득 • 친교·정서 표현 쓰기와 매체	의사소통의 목적, 매체 등에 따라 다양한 글 유형이 있으며, 유형에 따라 쓰기의 초점과 방법이 다르다.	• 주변 소재에 대한 글 • 겪은 일을 표현하는 글	• 의견을 표현하는 글 • 마음을 표현하는 글	• 설명하는 글 [목적과 대상, 형식과 자료] • 주장하는 글 [적절한 근거와 표현] • 체험에 대한 감상을 표현한 글	
쓰기의 구성 요소 • 필자·글·맥락 쓰기의 과정 쓰기의 전략 • 과정별 전략 • 상위 인지 전략	필자는 다양한 쓰기 맥락에서 쓰기 과정에 따라 적절한 전략을 사용하여 글을 쓴다.	• 글자 쓰기 • 문장 쓰기	• 문단 쓰기 • 시간의 흐름에 따른 조직 • 독자 고려	• 목적·주제를 고려한 내용과 매체 선정	
쓰기의 태도 • 쓰기 흥미 • 쓰기 윤리 • 쓰기의 생활화	쓰기의 가치를 인식하고 쓰기 윤리를 지키며 즐겨 쓸 때 쓰기를 효과적으로 수행할 수 있다.	• 쓰기에 대한 흥미	• 쓰기에 대한 자신감	• 독자의 존중과 배려	

초등학교 1학년부터 6학년까지 6년 동안 쓰게 되는 글의 유형은 다음 세 가지입니다.

☐ 정보를 전달하는 글
☐ 설득하는 글
☐ 친교나 정서를 표현하는 글

이 세 가지 유형 안에 주변 소재에 대한 글, 겪은 일을 표현하는 글, 의견을 표현하는 글, 마음을 표현하는 글, 설명하는 글, 주장하는 글, 체험에 대한 감상을 표현하는 글이 모두 포함됩니다. 그렇다면 이렇게 정리할 수 있겠네요. "세 가지 유형의 글을 쓸 수 있다면 초등 글쓰기는 확실하게 마스터하는 것이다!"

참 쉽죠? 그런데 초등학교 현장에서 이 세 가지 유형의 글쓰기에 대해 자신감을 가진 학생을 보기는 쉽지 않습니다. 실제로 6학년이 되어도 1, 2학년 때부터 배워 온 주변 소재를 설명하는 글조차 제대로 쓰지 못하는 경우가 많죠. 이런 아이는 고학년이 되어 쓰게 되는 주장하는 글쓰기도 어려워합니다. 왜 그럴까요?

· 글쓰기는 유형별로 공부해야 한다 ·

아이들의 일주일 시간표를 보면 국어 시간이 가장 많습니다. 거의 매일 배우죠. 학교에 가는 날마다 국어를, 그것도 6년이나 배우는데 아이들은 왜 글쓰기 앞에만 서면 작아지는 걸까요? 저는 '유형별로 글 쓰는 방법을 깨닫지 못해서'라고 생각합니다.

교육부가 제시한 초등학교 교육과정에는 목적에 따른 글의 유형이 명확히 제시되어 있습니다. 하지만 아이들이 매일 보는 교과서에는 이 유형들이 뒤죽박죽 섞여 있죠. 정보를 전달하는 글의 예를 한 번 살펴보겠습니다.

초등학교 2학년 2학기 6단원 자세하게 소개해요
사람을 소개하는 글쓰기

초등학교 3학년 2학기 7단원 글을 읽고 소개해요
내가 읽은 책을 소개하는 글쓰기

초등학교 5학년 1학기 3단원 글을 요약해요
대상을 생각하며 설명하는 글쓰기

초등학교 6학년 2학기 6단원 정보와 표현 판단하기
관심 있는 내용으로 뉴스 만들기

정보를 전달하는 글쓰기가 학년별, 단원별로 나뉘어 있죠. 나이와 학습 수준에 따라 배워야 하는 지식들에 위계가 있다고 생각하기 때문입니다. 2학년 아이에게 관심 있는 내용으로 뉴스를 만들어 보라는 과제를 내주기는 어려우니까요. 교육과정이 개정되고 교과서가 다시 바뀌더라도 이런 형식은 변하지 않을 것입니다.

이런 교과서 구성이 잘못된 것은 아니지만, 그 때문에 놓치는 것도 분명히 있습니다. 글쓰기의 줄기를 보지 못한다는 것입니다.

· 초등 글쓰기의 줄기 찾기 ·

초등학교 시절 글쓰기의 줄기는 정보를 전달하는 글, 설득하는 글, 친교나 정서를 표현하는 글입니다. 그런데 2학년 때 배우는 '사람을 소개하는 글쓰기'에서는 이게 어떤 글의 유형인지 파악하기가 힘듭니다. 교과서에 나오니 따라서 하는 것일 뿐이죠. 3학년이 되면 다시 교과서에 '읽은 책을 소개하는 글쓰기'가 나오고 또 열심히 씁니다. 4학년, 5학년, 6학년 모두 마찬가지죠. 내가 무슨 종류의 글을 쓰는지 잘 모르는 채 그냥 교과서를 따라가고 있는 것입니다.

이건 마치 수학여행 때 어디로 가는지 모르는 채 무작정 선생님만 따라 다니는 것과 비슷합니다. 분명히 경복궁에 들어가 경회루도 보고, 근정전도 보고, 교태전도 봤는데 2주만 지나도 어디를 다녀왔는지 모르는 것과 똑같습니다.

국어 시간에 글쓰기 수업을 해 보면 대부분의 아이가 그때그때 과제를 해결하는 데에만 급급한 걸 알 수 있습니다. 이런 종류의 글을 어떻게 써야 하는지에 대해서는 별로 관심이 없고, 그냥 대충 채워서 넘어가기 바쁘죠. 내용에도 관심이 없습니다. 그저 길게 쓰기만 하면 잘 쓰는 줄 압니다.

이렇다 보니 6학년이 되어도 글쓰기에 자신이 없습니다. 아무리 열심히 걸어도 어디로 가는지 모르는데 자신감이 생길까요. 현재 초등학교 아이들의 글쓰기도 이와 비슷합니다.

그럼 어떻게 해야 할까요? 무엇보다 지금 내가 쓰고 있는 글이 어떤 줄기에 연결되어 있는지를 알아야 합니다. 다시 말해 내가 쓰고 있는 글이 어떤 유형에 해당하는지를 생각하면서 써야 합니다. 이게 가장 중요합니다.

유감스럽게도 학교에서는 이 부분을 제대로 다루지 못하는 경우가 있습니다. 교사가 아이들이 당연히 알 거라 생각하고 넘어가는 경우도 있고요. 그렇지만 줄기는 무조건 찾아야 합니다. 만약 학교에서 줄기 찾는 법을 알려 주지 않는다면 부모라도 말해 줘야 합니다. 그리고 이 줄기를 보며 글을 써 가는지 확인해야 합니다.

꼭 기억하세요. 초등 글쓰기는 정보를 전달하는 글, 설득하는 글, 친교나 정서를 표현하는 글 세 가지 유형만 정복하면 끝납니다. 그래서 이 책에서는 이 세 가지 유형을 중심으로 하되 초등학생의 눈높이와 관심사에 맞춰 글의 유형을 다섯 가지로 구분했습니다.

□ 설명하는 글쓰기
□ 주장하는 글쓰기
□ 체험에 대한 감상을 표현하는 글쓰기
□ 마음을 표현하는 글쓰기
□ 상상하는 글쓰기

다섯 가지 유형에 맞춰 제시한 글쓰기 방법과 노하우를 참고해서 적용하다 보면 어느새 글쓰기를 좋아하고 잘하게 되는 아이의 모습을 볼 수 있을 것입니다.

초등학교 국어 교과 쓰기 성취 기준 모음

초등학교 교육과정에는 위에서 소개한 내용 체계표와 더불어 성취 기준이 제시되어 있습니다. 성취 기준은 간단히 말해 학생들이 교과를 통해 배워야 할 내용과 이 내용을 배움으로써 할 수 있게 되는 능력을 함께 기술한 기준입니다. 예를 들면 이렇습니다.

[2국03-04] 인상 깊었던 일이나 겪은 일에 대한 생각이나 느낌을 쓴다.

이 성취 기준에서 배워야 할 학습 요소는 경험에 대한 생각이나 느낌입니다. 그리고 바라는 능력은 쓰기이고요. 교육과정에서는 이런 성취 기준을 1~2, 3~4, 5~6학년 군별로 제시하고 있습니다. 이 성취 기준에 의해 교과서가 집필되는 거고요. 다시 말하면 성취 기준이 학교에서 무엇을 배우게 되는지를 결정하는 주요한 근거가 된다는 것입니다. 그렇다면 초등학생 때 어떤 글쓰기를 하게 되는지는 성취 기준만 보면 알 수 있지 않을까요? 2015 개정 교육과정 국어 교과 쓰기 영역의 성취 기준들을 학년 군별로 모아봤습니다. 학년을 마친 다음, 우리 아이가 성취 기준에 부합하는 능력을 가지고 있다면 제대로 배웠다고 말할 수 있겠죠?

1~2학년
[2국02-01] 글자를 바르게 쓴다.
[2국03-02] 자신의 생각을 문장으로 표현한다.
[2국03-03] 주변의 사람이나 사물에 대해 짧은 글을 쓴다.
[2국03-04] 인상 깊었던 일이나 겪은 일에 대한 생각이나 느낌을 쓴다.
[2국03-05] 쓰기에 흥미를 가지고 즐겨 쓰는 태도를 지닌다.

3~4학년

[4국03-01] 중심 문장과 뒷받침 문장을 갖추어 문단을 쓴다.

[4국03-02] 시간의 흐름에 따라 사건이나 행동이 드러나게 글을 쓴다.

[4국03-03] 관심 있는 주제에 대해 자신의 의견이 드러나게 글을 쓴다.

[4국03-04] 읽는 이를 고려하며 자신의 마음을 표현하는 글을 쓴다.

[4국03-05] 쓰기에 자신감을 갖고 자신의 글을 적극적으로 나누는 태도를
　　　　　지닌다.

5~6학년

[6국03-01] 쓰기는 절차에 따라 의미를 구성하고 표현하는 과정임을 이해
　　　　　하고 글을 쓴다.

[6국03-02] 목적이나 주제에 따라 알맞은 내용과 매체를 선정하여 글을 쓴다.

[6국03-03] 목적이나 대상에 따라 알맞은 형식과 자료를 사용하여 설명하
　　　　　는 글을 쓴다.

[6국03-04] 적절한 근거와 알맞은 표현을 사용하여 주장하는 글을 쓴다.

[6국03-05] 체험한 일에 대한 감상이 드러나게 글을 쓴다.

[6국03-06] 독자를 존중하고 배려하며 글을 쓰는 태도를 지닌다.

1장

'글포자' 우리 아이
구제 솔루션

글쓰기가
수학보다 먼저다

수학 잘하는 아이와 글 잘 쓰는 아이 중에서 여러분은 어느 쪽이 좋으신가요? 바보 같은 질문이죠. 열이면 열, 글쓰기와 수학 모두 잘하면 좋겠다고 말할 테니까요.

하지만 모든 것을 가질 수는 없는 법입니다. 둘 중 하나라도 잘하면 감사할 일이죠.

누군가가 저에게 같은 질문을 하면서 반드시 하나만 선택하라고 하면 저는 단연코 글쓰기의 손을 들어 주겠습니다. 물론 수학을 공부하는 것은 매우 중요합니다. 또한 충분히 의미 있는 일입니다. 수학이라는 학문을 공부함으로써 논리적 사고력이나 문제해결력을 키울 수 있다는 점에도 동의하고요.

그런데 수학 교육의 효과로 손꼽히는 사고력, 탐구력, 논리력, 문제해결력 같은 역량들을 살피다 보면 이런 의구심이 생깁니다.

☑ "글쓰기를 통해 사고력을 키울 수는 없나?"

☑ "글쓰기를 통해 탐구력을 키울 수는 없나?"

☑ "글쓰기를 통해 논리력을 키울 수는 없나?"

☑ "글쓰기를 통해 문제해결력을 키울 수는 없나?"

· 수학은 왜 배워야 해요? ·

초등학교 6학년 아이들과 수학 수업을 하다 보면 다음과 같은 질문이 빠지지 않고 나옵니다.

"선생님, 수학은 왜 공부해야 돼요? 엄마 아빠 보니까 수학 잘 못해도 사는 데 전혀 문제가 없던데…. 수학 하는 것 한 번도 못 봤고요. 그리고 요즘에는 계산기가 있어서 다 계산해 주는데 수학을 왜 배워야 하는지 모르겠어요. 어렵기만 하고."

교직에 발을 들인 지 얼마 되지 않았을 때는 이렇게 대답하곤 했습니다. "나중에 쓸모가 있을 거야." 지금 당장은 아니라도 장기기억 속에 잘 저장된 수학적 역량들이 결정적인 순간에 실력을 발휘할 거라고 믿었던 거죠.

그러다가 문득 이런 생각이 들었습니다. '대학수학능력시험에서 수리 영역이 없어진다면 지금처럼 수학 학원이나 수학 과외가 성행할까? 그때도 사람들은 수학 과목에 초·중·고교 시절의 모든 에너지와 시간을 쏟아부을까?'

정말로 대학수학능력시험에서 수리 영역을 평가하지 않는다면 어떤 일이 생길까요? 수학 교과가 대학 입시에서 사라지는 순간, 수학에 끼어 있던 거품이 꺼져 버릴지도 모릅니다. 그러면 사람들은 이렇게 말하겠죠. "AI 및 기계의 발달로 인해 인간이 수학적 사고력을 발휘하지 않아도 되는 시대가 되었다."

· 사고력, 논리력, 문제해결력 키우기 ·

수학을 왜 배워야 되냐고 묻는 아이들에게 "나중에 쓸모가 있을 거야."라고 대답한 저도 한 해, 두 해 시간이 지나자 비슷한 생각을 하게 되었습니다. '수학을 배우면 진짜 나중에 쓸모가 있을까?'

물론 교육을 실용성, 유용성의 측면에서만 바라봐서는 안 됩니다. 교육 그 자체가 가진 내재적 가치가 있으니까요. 그런데 이왕이면 내재적 가치뿐 아니라 실용성도 있는 걸 배우는 게 좋지 않을까요? 배움에 있어 '쓸모'를 따지는 것은 선학이 쌓은 고귀한 정신에 오점을 찍는 일일까요?

글쓰기는 내재적 가치도 있으면서 꽤나 유용한 교육입니다. 두 마리 토끼를 모두 잡을 수 있죠.

글쓰기의 내재적 가치

□ 하나, 생각을 정리하는 데 도움을 준다.
□ 둘, 생각을 확장시키는 데 도움을 준다.
□ 셋, 나를 성찰하는 도구로 사용할 수 있다.
□ 넷, 논리적으로 생각하게 만들어 준다.
□ 다섯, 쓰고자 하는 주제를 깊이 탐구하게 해 준다.

글쓰기의 외재적 가치

□ 하나, 글쓰기 과제에서 좋은 성적을 받을 수 있다.
□ 둘, 국어 교과를 제외한 타 교과에서도 글쓰기를 사용할 수 있다.
□ 셋, 글을 통해 자신의 능력을 보여 줄 수 있다.
□ 넷, 글과 관련된 직업을 가질 수 있다.
□ 다섯, 과거와 달리 글로 돈을 벌 수 있는 시대가 되었다.

· 글쓰기는 두고두고 유용한 도구 ·

많은 교육자가 무언가의 수단이 되는 외재적 가치에 집중하기보다 내재적 가치를 추구해야 한다고 말합니다. 동의합니다. 잿밥이 아니라 염불에 맘을 둬야죠.

그렇다고 해서 언제까지 염불만 외우고 있을 수는 없는 노릇입니다. 내재적 가치를 추구함과 동시에 외재적 가치를 얻는 것도 그리 나쁜 건 아니니까요.

글쓰기는 한 번만 제대로 배워 놓으면 두루두루 사용할 수 있습니다. 초·중·고교 시절은 물론 대학 때도 요긴하게 쓰입니다. 졸업 후엔 취업에 필요한 자기소개서를 쓸 때 큰 도움을 줍니다. 직장 생활에서도 서류 작성하는 일이 많기 때문에 글을 잘 쓰면 유능한 직장인으로 인정받기 쉽습니다. 창업해서 CEO가 되더라도 글을 써야 하는 상황은 피할 수 없습니다. 피할 수 없다면 즐기는 게 좋죠.

이렇게 쌓인 글쓰기 실력은 은퇴 후 사라져 버릴까요? 사람의 뇌는 끊임없이 발전하기 때문에 초등학교 때부터 꾸준히 글을 써 온 글쓰기 능력은 일흔 살이 되어도 변하지 않습니다. 오히려 글쓰기 초고수가 되어 글로 제2의 인생을 살게 될지도 모릅니다.

자, 다시 한 번 묻겠습니다. 수학 잘하는 아이와 글 잘 쓰는 아이, 여러분은 어느 쪽이 좋으신가요?

우리 아이는 어떻게 '글포자'가 되었나?

요즘 대한민국 교육계에 신조어가 있습니다. '수학을 포기한 사람'이라는 뜻의 '수포자'입니다. 이 단어는 심지어 네이버 국어사전에도 등재되어 있죠.

'수포자'는 초·중·고교에서 수학이라는 교과목을 공부하는 것을 포기한 학생들을 일컫는 말입니다. 고등학생을 기준으로 보면 주로 문과(인문계)생들 중에 수포자가 많죠.

이 단어가 일반적으로 사용되면서 자매품이 등장하기 시작했습니다. 언포자(언어영역 포기), 영포자(영어 포기), 사포자(사회 포기), 과포자(과학 포기) 등 어려움을 겪는 교과 뒤에 '포자'라는 단어를 붙이는 게 유행이 되었습니다.

요즘 초등학교에는 '글포자'들이 점점 늘고 있습니다. '글포자'는 무엇을 포기한 사람을 가리키는 말일까요? 바로 '글쓰기'입니다. 글 쓰는 것을 포기한 학생이 '글포자'입니다. 학교에서 "글쓰기 하자!"고 말하면 치를 떨며 "아~ 글쓰기 싫어요."라고 말하는 '글포자'들이 점점 많아지고 있습니다.

· 글쓰기보다 스마트폰에 익숙한 아이들 ·

요즘 집 근처 카페에 가 보면 세 살 정도 되는 아이가 혼자서 유튜브를 보고 있는 모습을 쉽게 볼 수 있습니다. 옆에서 부모가 신경 쓰지 않아도 다음 클립을 척척 잘 누릅니다. 심지어 5초 동안 느긋하게 기다린 다음 '광고 건너뛰기'를 누르기도 하고요. 스마트 기기 사용이 보편화되었다는 것을 극명하게 보여 줍니다.

그런가 하면 어린 자녀를 둔 어머니들의 놀이터, 맘카페에는 이런 글들이 심심치 않게 올라옵니다. "한글 공부 어플 추천해 주세요!", "재미있는 한글 공부 어플, 뭐가 있을까요?", "놀면서 한글 공부할 수 있는 어플 있으면 추천 부탁드려요.", "스마트폰으로 한글 공부하는 것도 효과 있을까요?", "첫 한글 공부 어플 유용한 거 있나요?"

요즘 아이들이 워낙 어렸을 때부터 스마트폰이나 스마트패드를 가지고 자란 '포노 사피엔스(Phono Sapiens, 스마트 기기 없이 생활하는 것을 힘들어하는 세대)'다 보니 한글 공부도 스마트 기기를 이용해서 하려는 것이죠.

최근에는 아이가 부모님과 함께 한글을 배울 때에도 노트에 자음, 모음을 따라 적지 않습니다. '한글이야호', '달달한글', '소중한글' 같은 어플리케이션을 사용하거나 유튜브에서 '뽀로로와 자음 기역 배우기', '핑크퐁 가나다 노래 배우기' 같은 영상을 찾아 보죠. 당연히 글씨 쓰는 연습도 노트가 아닌 스마트패드에 합니다.

이처럼 요즘 아이들은 한글을 배우는 방법이 부모 세대와 많이 달라졌습니다. 아날로그 시대에서 디지털 시대로 바뀐 것이죠. 부모 세대는 자음, 모음을 연필로 꾹꾹 눌러쓰며 한글을 익혔습니다. 낱말을 배울 때도 10칸짜리 줄 공책에 적으며 연습했고요.

그런데 지금은 디지털을 활용한 놀거리, 배울거리의 형태가 다양해져서 글자를 써 볼 기회가 많이 줄었습니다. 글자를 써 보지 않고 초등학교에 입학하는 아이도 있을 정도입니다.

· 서술형 글쓰기가 늘어난 교육 과정, 준비가 필요하다 ·

문제는 초등학교에 입학한 후 생깁니다. 글을 쓰는 것에서 비교적 자유로웠던 유치원 시절과 달리 초등학교에 입학하면 1학년 때부터 글을 써야 하는 상황이 늘어납니다.

담임 교사의 교육철학에 따라 다르긴 하지만 수업 시간마다 노트 정리를 하는 경우도 많습니다. 1학년 때부터 그림일기를 쓰기도 하고요. 독후 활동 기록장이 있는 학교에서는 매주 독서록을 쓰고 확인을 받기도 합니다. 또한 2015 개정 교육과정에서 강조하는 과정 중심 평가로 인해 서술형 글쓰기의 비중이 늘어나는 추세죠.

이런 상황에서 글 쓰는 연습을 많이 해 보지 않았다면 피로감을 느낄 수밖에 없습니다. 글을 쓴다는 행위 자체에서 스트레스를 받게 되니까요. 결국 어떻게 글을 써야 할지, 어떤 내용으로 글을 써야 할지 생각하기보다 그냥 선생님이 쓰라고 하니 어쩔 수 없이 빈칸 채우기를 목적으로 쓰게 되는 경우가 많아집니다. 여기서부터 '글포자'가 시작됩니다.

처음부터 '나는 글포자가 되어야지!', '어떻게 하면 글쓰기를 안 할 수 있을까?'라고 생각하는 아이는 없습니다. 대개는 '글쓰기가 힘드니 오늘은 대충 이 정도만 하고 내일부터 잘 써야지.' 하고 생각하는 경우가 많죠. 이렇게 글쓰기의 중요성과 필요성을 모른 채 하루하루 지나다 보면 어느새 글포자가 되어 버리는 것입니다.

글쓰기 잘하려면
꼭 알아야 하는 것

초등학교 중학년이지만 한 번 시작하면 30분 넘게 진득이 앉아 글을 쓰는 아이가 있습니다. 반대로 6학년이어도 글쓰기는커녕 연필을 잡고 앉아 있는 것도 힘들어하는 아이가 있죠.

사실 글쓰기를 좋아하느냐 싫어하느냐는 브로콜리를 좋아하느냐 싫어하느냐 하는 문제와는 조금 다릅니다. 단순히 취향의 문제가 아니라 경험과 관련이 있습니다. 글쓰기와 가까워질 수 있는 경험을 얼마나 했느냐에 따라 글쓰기를 좋아하는 아이가 될 수도, 글쓰기를 싫어하는 아이가 될 수도 있습니다.

학교 현장에서 10년 넘게 글쓰기를 좋아하는 아이와 싫어하는 아이들을 관찰해 본 결과, 특별히 다르지 않았습니다. 글쓰기를 좋아한다고 해서 학교 생활 태도가 월등하게 우수한 건 아니었습니다. 그런가 하면 글쓰기가 죽기보다 싫다던 아이가 수학 시간이나 사회 시간이 되면 눈을 반짝거리면서 그 누구보다 열심히 참여하는 것도 많이 봤습니다.

이들을 가르는 건 학업 성적이 아니었습니다. 분명 다른 무언가가 있었죠. 글쓰기를 좋아하는 아이와 싫어하는 아이는 과연 뭐가 다를까요? 제가 찾아낸 여러 차이점 중 두 가지는 다음과 같습니다.

· 생각 그릇을 키우자 ·

첫 번째 차이점은 생각 그릇의 차이입니다. 평소에 생각을 얼마나 확장시켜 보았느냐에 따라서 글쓰기에 대한 호감도가 달라집니다. 글쓰기를 좋아하는 아이들은 대부분 생각하는 걸 즐겼습니다. 가끔은 말이 안 되거나 허무맹랑한 생각을 하는 일도 있지만 생각을 넓혀 가는 것에 재미를 느꼈습니다.

예를 들어 '마카롱'이라는 단어를 들으면 대다수의 아이는 마카롱의 맛을 떠올립니다. 하지만 글쓰기를 좋아하는 아이들은 조금 다릅니다. 맛을 떠올리는 것을 넘어 마카롱의 색, 모양, 질감, 촉감, 향 등에 초점을 맞춰 생각합니다. 생각을 폭넓게 하다 보니 당연히 쓰고 싶은 내용이 많아지죠. '마카롱은 달콤하다'와 같이 단순하고 심심한 이야기를 쓰지 않게 되는 것입니다.

반대로 글쓰기를 싫어하는 아이들은 폭넓게 생각하는 것을 어려워합니다. '삼겹살은 맛있다', '컵라면은 맛있다', '초콜릿은 맛있다'처럼 음식은 다 '맛있다'로 종결됩니다. 단순하게 생각하죠. 내 생각 그릇에 담긴 내용이 이것밖에 되지 않으니 당연히 쓸거리가 없습니다. 그리고 글쓰기와 관련된 생각이 나지 않는데 글을 쓰라고 하니 글쓰기가 싫을 수밖에 없고요.

다행인 건 누구나 생각 그릇을 키울 수 있다는 것입니다. 생각 그릇을 키우는 방법을 알고 열심히 연습하면 누구나 폭넓게 생각할 수 있습니다. 생각하는 데에는 분명 방법이 있는데 그걸 배울 기회와 경험이 없었기 때문에 단순하게 생각하고 있었던 것입니다.

하나의 사물을 보고 오감을 이용해서 생각해 보기, 비슷한 종류의 것들을 함께 떠올려 보기, 생각지도 못한 곳에 사물을 배치하기 등과 같은 방법을 설명하고 함께 연습하다 보면 아이들의 생각 그릇이 점점 커지는 것을 느낄 수 있습니다. 생각법도 연습을 통해 숙달시킬 수 있습니다.

· 글 쓰는 방법을 배우자 ·

두 번째 차이점은 글을 쓰는 방법을 알고 있는지 여부입니다. 당연한 말이지만 글쓰기를 좋아하는 아이들은 글을 쓰는 방법을 알고 있습니다. 글을 써야 하는 상황이 되면 그 방법을 꺼내서 사용하죠. 알고 있는 방법을 실제로 적용해 보며 손과 뇌에 더욱 진하게 각인시키고요. 자주 사용하던 방법을 융합해서 응용하기도 합니다.

반대로 글쓰기를 싫어하는 아이들은 글을 잘 쓰는 방법이 있다는 걸 모릅니다. 그냥 생각나는 대로 쓰는 게 글쓰기라고 여깁니다. 방법은 모르는데 글을 써야 하니 막막할 수밖에 없죠. 아이들 입장에서 생각해 보면 글쓰기를 싫어하게 되는 것이 당연합니다.

더욱 놀라운 사실은 부모도 아이들에게 글 쓰는 방법을 알려 주지 않는다는 것입니다. 아이들과 마찬가지로 글쓰기는 '그냥 쓰는 것'이라고 생각하는 부모가 의외로 많습니다.

· 지금 당장 시작할 수 있는 글쓰기 방법 ·

『유시민의 글쓰기 특강』 저자인 유시민 작가의 말처럼 글쓰기는 기능에 가깝습니다. 문학 작품의 경우, 감성과 재능의 영향을 많이 받기 때문에 기능을 갖추고 있다고 해서 반드시 좋은 작품을 쓸 수 있는 것은 아닙니다. 하지만 초등학생이 쓰는 수준에서는 기능을 습득하는 게 분명 도움이 됩니다.

글쓰기 방법이라는 게 그렇게 거창하지도 않습니다. 누구나 한 번쯤 들어 보았을 이런 것들입니다.

글쓰기 방법

□ 쓰기 전에 먼저 구조를 만들자.
　　(서론 - 본론 - 결론 / 주장 - 이유 - 예시 - 주장)
□ 내가 이야기하고자 하는 주제에 대한 이야기만 쓰자.
□ 주장을 먼저 말하고, 근거는 나중에 말하자.
□ 한 문단에 하나의 생각만 쓰자.

"자, 오늘 배운 내용을 바탕으로 글을 써 볼까요?"라는 말이 끝나면 글쓰기를 좋아하는 아이들은 글의 구조를 먼저 생각합니다. 반면 글쓰기를 싫어하는 아이들은 첫 번째 문장부터 쓰기 시작하고요.

글을 쓰기 전에 구조를 짜다 보면 쓸거리들이 생각납니다. 소재가 풍부하고 짜임새 있는 글이 만들어지죠. 반대로 문장을 바로 쓰기 시작하면 얼마 가지 않아 글이 막힙니다. 쓸거리가 생각나지 않고, 생각났다 해도 앞부분과 호응이 맞지 않기 십상이죠. 그래서 좋은 글감이 있어도 사용해 보지 못하고 썩히게 됩니다. 처음에 구조만 제대로 짰다면 유용하게 사용할 수 있었을 텐데 말이죠. 생각대로 글이 써지지 않는데 글쓰기가 좋을 리 있나요?

앞에서 글쓰기와 가까워질 수 있는 경험을 얼마나 했느냐가 글쓰기를 좋아하는 아이와 그렇지 않은 아이를 구분하는 중요한 요인이라고 말했습니다. '글쓰기와 가까워질 수 있는 경험'이 바로 생각 그릇을 키우는 연습과 글쓰기의 방법 익히기입니다. 이 두 가지는 지금 글쓰기를 좋아하고 싫어하는 데에도 영향을 미치지만, 앞으로의 글쓰기에 대한 호감도를 결정하는 데 중요한 역할을 합니다. 그렇다면 이런 것을 경험해야 하는 시기가 정해져 있을까요? 아니요. 이것은 어렸을 때부터, 평소에, 당장 오늘도 배울 수 있는 것들입니다.

아이가 글쓰기를 싫어하는 까닭

초등학교 교사로 일한 지 10년쯤 되면 '제자'라고 부를 수 있는 아이가 300명쯤 됩니다. 1년에 보통 25~30명을 만나게 되니까요. 새 학년이 시작될 때마다 새롭게 만나는 아이들에게 저는 이렇게 묻습니다. "글 쓰는 거 좋아하는 사람?"

한 반에서 글쓰기를 좋아한다고 말하는 아이는 다섯 명도 되지 않습니다. 의욕과 에너지가 넘치는 초등학교 1, 2학년을 기준으로 했을 때 그 정도고, 학년이 올라갈수록 글쓰기를 좋아하는 아이는 급격히 줄어듭니다. 대부분 글쓰기를 좋아하지 않는 것을 넘어 싫어하죠. 그래서 6학년 아이들에게 "우리 글쓰기 해 볼까?"라고 말하면 야유를 보내는 겁니다.

한 학기에 한 번씩 학부모 상담 주간을 운영할 때도 저는 모든 학부모에게 같은 질문을 합니다. "○○가 글 쓰는 거 좋아하나요?" 그러면 대부분 겸연쩍은 표정을 지으며 이렇게 말합니다.

"글쓰기요? ○○는 질색을 하던데요.", "글쓰기는커녕 책이라도 좀 읽었으면 좋겠어요.", "선생님, 다른 아이들은 어떤가요? 우리 ○○는 글 쓰는 걸 너무 싫어하더라고요."

짐작한 대로입니다. 아이들에게 이미 들어 알고 있던 것과 크게 다르지 않습니다.

이렇게 아이들은 글쓰기를 좋아하지 않습니다. 아니, 싫어하는 아이가 훨씬 더 많습니다. 그 이유가 무엇일까요? 아이들이 글쓰기를 싫어하는 원인을 파악하면 문제를 해결할 수 있는 실마리도 찾을 수 있지 않을까요?

· 강제로 쓰게 해서 ·

어떻게 하면 아이들이 글을 잘 쓸 수 있는지 아는 사람은 별로 없을 것입니다. 저도 그렇습니다. 하지만 어떻게 하면 아이들이 글쓰기를 싫어하게 되는지는 누구보다 확실히 알죠. 첫 번째 이유는 강제로 시키기 때문입니다.

강제로 시킨 일을 하는 걸 좋아하는 사람은 아무도 없습니다. 어른이나 아이나 마찬가지죠. 하지만 그동안 우리는 아이들에게 얼마나 자주 강제 글쓰기를 시켜 왔을까요.

'일주일에 세 번 일기 쓰기', '책 읽을 때마다 독후감 한 편씩 쓰기', '여행 다녀온 다음에 감상문 쓰기' 등이 떠오릅니다. 물론 이런 것을 자주 하면 글쓰기를 잘하게 될 수 있습니다. 하지만 무엇을 쓰느냐보다 어떤 과정을 통해 쓰게 되었는가가 중요하죠.

생각해 보세요. 아이들이 일기를 쓰고 싶어서 매주 세 번이나 쓰고 있을까요? 책을 읽은 다음 내 생각을 기록해 두고 싶어서 독후감을 쓰는 걸까요? 여행이 너무 즐거워서 그 일을 두고두고 기억하기 위해 감상문을 썼을까요? 아이들이 원해서 글을 쓰는 경우는 거의 없습니다. 대부분 교사나 부모가 시켜서 어쩔 수 없이 쓰게 되죠.

글쓰기도 축구나 농구, 바이올린, 피아노를 배우는 것과 다르지 않습니다. 축구를 하고 싶지 않은 아이에게 "축구를 하면 친구들과 협력하는 마음도 기를 수 있고 건강해지니까 일주일에 세 번 하자."고 이야기해 보세요. 운동장에서 뛰기는 하겠지만 축구를 좋아하게 되지는 않을 것입니다.

반대로 축구를 하고 싶은 아이에게 "피아노를 배우면 악보를 읽을 수 있게 되고 소리와 리듬을 알게 되니까 하루에 30분씩 피아노를 연습하자."고 하면 어떻게 될까요. 부모님 앞에서는 피아노를 치는 척하겠지만 친구에게 "피아노가 너무 재미있어."라고 대답하지는 않겠죠? 글쓰기도 똑같습니다. 뭔가를 싫어하게 만드는 가장 빠른 지름길은 강제로 시키는 것입니다.

· 무조건 많이 쓰게 해서 ·

아이들이 글쓰기를 싫어하는 두 번째 이유는 분량에 대한 압박감 때문입니다. 제가 초임 교사였을 때 학생들에게 일기를 써 오라는 과제를 내준 다음 일곱 줄을 넘지 않으면 무조건 돌려보냈습니다. "더 써 오세요.", "더 자세하게 써 오세요."

아이들은 있는 내용 없는 내용 다 긁어다 꾸역꾸역 써서 일곱 줄을 넘겨 왔죠. 그해가 끝나갈 즈음, 아이들에게 선생님을 만나고 나서 좋았던 점과 싫었던 점을 물어봤는데, 의외의 결과가 나와 꽤 놀랐습니다. '일기 쓰기'가 싫었던 점 1위로 꼽혔기 때문입니다. "일기 쓰기가 왜 싫었어?"라고 물어보자 아이들은 이렇게 말했습니다.

"일기 쓰는 건 괜찮은데 무조건 일곱 줄을 넘어야 된다고 하셔서 힘들었어요. 많이 쓴다고 해서 꼭 좋은 일기는 아닌데…."

"어른들은 왜 무조건 길게 쓰라고 해요? 우리 엄마도 맨날 더 길게 써 오라고 하거든요."

이 일은 길게 쓴 글이 좋은 글이라고 생각했던 제 자신을 되돌아보는 소중한 기회가 되었습니다. 한 번 더 강조합니다. 글쓰기를 좋아하지 않는 아이에게 분량을 정해 주면서 무조건 많이 써 오도록 요구하면 십중팔구 아이는 글쓰기를 싫어하게 될 것입니다.

· 칭찬보다는 비판을 받아서 ·

마지막 이유는 칭찬보다 비판을 많이 들었기 때문입니다. 강제로 글 쓰는 것도 싫은데 요구 사항대로 열 줄 넘게 써 갔더니 엄마는 이렇게 말합니다. "글씨가 이게 뭐야?" 과연 이 아이가 글 쓸 맛이 날까요? 입장을 바꿔 생각하면 금방 정답이 나옵니다.

어떤 부모는 아이가 써 온 글에 빨간 펜으로 맞춤법을 하나하나 고쳐 줍니다. 띄어쓰기까지 표시하는 부모도 있고요. 애써서 글쓰기를 했는데, 잘했다는 칭찬 대신 잘못된 부분에 표시가 되어 돌아온다면 과연 아이들이 글 쓸 맛이 날까요?

초등학생의 글쓰기는 성인의 글쓰기와는 다릅니다. 세세한 부분까지 신경 쓰기보다는 글쓰기 자체에 흥미를 갖도록 만들어 주는 것이 훨씬 중요합니다. 글쓰기를 즐기게 해 주는 게 핵심이죠. 그렇다면 비판보다는 칭찬하는 데 에너지를 쏟아야 합니다.

아이가 어렸을 때를 생각해 보세요. 그때는 엄마를 "음마"나 "앰마"라고 불러도 잘했다고 칭찬해 주었을 겁니다. "'음마'라고 하면 어떡하니, '엄마'라고 똑바로 발음해야지." 이렇게 말하는 엄마는 한 명도 없을 테니까요.

어떤 것을 배우는 과정에서 칭찬보다 비판을 많이 받게 되면 흥미를 잃게 마련입니다. 아이가 글쓰기를 싫어한다면 평소 내가 아이의 글을 읽은 다음 제일 먼저 어떤 피드백을 줬는지 떠올려 보세요.

아이들은 강제로 시켜서, 무조건 많이 쓰라고 해서, 칭찬보다는 비판을 많이 받아서 글쓰기를 싫어하게 됩니다. 처음엔 글쓰기를 좋아하던 아이도 이 세 가지 과정을 반복해서 경험하게 되면 글쓰기를 싫어하지 않을까요?

자, 이제 아이들이 글쓰기를 싫어하는 이유를 알았으니 이것과 반대로만 하면 되겠네요. 강제로 시키지 않고 스스로 쓰고 싶게 만들기, 조금만 써도 괜찮다고 말해 주기, 칭찬해서 자신감을 갖게 해 주기. 이 세 가지 방법만 적시에 잘 사용한다면 아이들이 글쓰기를 싫어하지 않게 할 수 있습니다.

글쓰기 싫어하는
아이를 위한
특급 레시피 세 가지

무언가를 싫어하는 데에는 여러 가지 이유가 있습니다. 글쓰기도 마찬가지죠. 생각이 잘 안 난다, 연필을 오래 잡으면 손가락이 아프다, 쓸 이야깃거리가 없다 등 이유도 여러 가지입니다. 그중에서 가장 큰 이유는 세 가지입니다. 강제로 시켜서, 무조건 많이 쓰라고 해서, 칭찬보다는 비판을 받아서.

그렇다면 글쓰기를 싫어하지 않게 만드는 비법은 이 세 가지 이유 속에 숨어 있겠네요. 그와 반대되는 행동을 하면 당장 글쓰기를 좋아하게 되지는 않더라도 싫어하지는 않을 테니까요. '글쓰기 싫어하는 아이를 위한 특급 레시피' 세 가지가 무엇인지 함께 살펴볼까요?

· 쓰고 싶게 만들자 ·

700~800쪽의 장편 소설을 쓰는 작가는 짧게는 6개월에서 길게는 수년에 걸쳐 원고를 씁니다. 퇴고하는 데에도 그 정도의 시간이 필요

하죠. 한 권의 책을 쓰는 데 엄청난 시간과 에너지를 쏟아붓는 셈입니다. 시켜서 하는 일이라면 결코 그렇게 하지 못할 것입니다. 과정을 즐기기 때문에 매일 쓸 수 있는 것이죠.

대표적인 예가 『노르웨이의 숲』, 『1Q84』 등으로 잘 알려진 소설가 무라카미 하루키입니다. 그는 매일 여섯 시간 정도 글을 쓰는데, 언제나 쓰고 싶은 마음을 가지고 쓴다고 합니다. 수십 년간 소설을 써 왔지만 쓰고 싶지 않은 마음을 억누르고 참아가며 쓴 적은 단 한 번도 없다고 해요. 쓰고 싶은 마음이 있을 때 써야만 새로운 생각, 깊은 생각을 할 수 있기 때문이랍니다.

아이들의 글쓰기도 똑같습니다. 강제로 시켜서 하는 글쓰기는 아이들의 글쓰기 능력을 길러 줄 수 없을 뿐 아니라 오히려 글쓰기를 싫어하게 만듭니다. 감정적으로 불쾌한 상태에서 글을 쓰게 되니 생각이 다양하게 확장될 리 없죠.

아이들이 글을 쓰고 싶은 마음이 없는 상태, 글 쓰는 것을 원하지 않을 때 억지로 시키는 것만은 피해야 합니다. 어떻게든 아이들이 글을 쓰고 싶게 만들어야 합니다.

"우리 아이는 글을 쓰고 싶어 한 적이 한 번도 없어요."라고 걱정할 수도 있습니다. 저도 그렇게 생각한 적이 있으니까요. 하지만 유심히 관찰해 보니 아이들도 글을 쓰고 싶을 때가 있다는 걸 알게 됐습니다. 말하고 싶고 표현하고 싶은 마음이 생겼을 때입니다.

월요일부터 금요일까지 아침 시간 중에서 교실이 가장 소란스러운 때가 언제일까요? 바로 월요일 아침입니다. 주말 동안 있었던 일을 친구에게 말하고 싶은 아이들의 목소리가 교실에 가득하죠.

그럴 때면 저는 아이들에게 조용히 하라고 말하는 대신 이렇게 이야기합니다. "자, 친구들에게 하고 싶은 말이 있으면 글로 써 볼까요?" 그러면 평소에 글쓰기를 싫어하던 아이도 책상에 앉아 글을 쓰기 시작합니다. 친구에게 들려주고 싶었던 내 이야기를 쓰는 것이죠.

자신을 표현하고 싶은 것은 인간의 당연한 욕구입니다. 글쓰기는 욕구 표현의 수단이고요. 그러니 아이들에게 표현하고 싶은 경험을 많이 하게 해 주세요. 아이들은 자신이 경험한 것을 말하고 싶고, 쓰고 싶어질 것입니다. 이 과정이 반복되다 보면 자연스럽게 글쓰기라는 수단을 찾게 됩니다.

· 쓰고 싶은 만큼 쓰게 하자 ·

하고 싶은 일을 하고 싶은 만큼 하는 것, 이보다 더 기쁘고 설레는 일이 또 있을까요? 이렇게 표현하면 훨씬 더 마음에 와 닿을 것 같네요. 먹고 싶은 것을 먹고 싶은 만큼 먹는 것. 느낌이 좀 오나요?

하루에 먹어야 하는 음식의 양이 정해져 있다고 해 봅시다. 아침, 점심, 저녁 모두 1/4공기만 먹어야 한다면 어떨까요? 감질나겠죠? 분명 더 먹고 싶어질 겁니다. 탄수화물 갈증을 느끼게 될 테니까요.

이번엔 상황을 바꿔서 아침, 점심, 저녁 모두 두 공기씩 먹어야 한다면 어떨까요? 너무 많아서 못 먹겠다거나 소화가 안 되니 제발 양을 줄여 달라고 아우성치지 않을까요? 너무나 당연한 말이지만 먹고 싶은 만큼 먹어야 소화시킬 수 있습니다.

아이들의 글쓰기도 똑같습니다. 먹고 싶은 만큼 음식을 먹는 것처럼 쓰고 싶은 만큼 글을 쓰게 해야 합니다. 무조건 많이 써야 한다는 말은 무조건 많이 먹어야 한다는 말과 다르지 않습니다. 많이 먹으면 체하는 것처럼 많이 쓰게 하면 글쓰기 소화불량이 생깁니다. 당연히 점점 글쓰기와 멀어지게 되고요. 초등학생의 글쓰기에서 분량은 그렇게 중요하지 않습니다.

쓰고 싶은 만큼 쓰는 길 인정해 주면 부모도, 아이도, 교사도 편해집니다. 글쓰기를 억지로 해야 할 과제가 아니라 하고 싶은 표현으로 느끼게 되니까요.

우리 반 아이들은 40분 단위의 수업 시간마다 '배움 쓰기'라는 글쓰기를 합니다. 30분 수업하고 나머지 10분은 글을 쓰고 공유하는 시간을 갖는 거죠. 이런 활동을 매 시간 하기 때문에 분량을 정하면 아이들이 스트레스를 받을 것 같아서 학기 초부터 쓰고 싶은 만큼만 쓰자고 글쓰기 규칙을 정했습니다.

처음에는 '한 줄만 쓰고 다 썼다는 아이가 있으면 어쩌지?'라는 고민도 했습니다. 그런데 신기하게도 쓰고 싶은 만큼 쓰자는 규칙을 정하니 다섯 줄, 여섯 줄을 쓰며 "선생님, 더 써도 돼요?"라고 묻는 아이들이 많아졌습니다. "오늘은 한 쪽 쓰는 게 목표예요."라고 말하는 아이들도 적지 않고요.

만약 제가 "배움 쓰기는 한 쪽을 다 채워야 합니다."라고 말했다면 이런 일이 생겼을까요? 아니요, 없었을 겁니다. 아이들은 자신이 가지고 있는 생각의 크기만큼 글을 쓸 수 있습니다. 그러니 '더 길게', '더 많이'의 늪에서 벗어나세요. 쓰고 싶은 만큼 쓰다 보면 나중에는 더 쓰고 싶어질 것입니다.

· 다 쓰고 나면 일단 칭찬하자 ·

글쓰기 싫어하는 아이를 위한 특급 레시피 중에서 가장 강조하고 싶은 것이 바로 세 번째입니다. 아이가 쓴 글을 읽은 다음에는 첨삭이나 비판보다 칭찬을 해 주라는 것입니다. 칭찬을 넘어 아기를 달랠 때처럼 우쭈쭈 해 주세요. 잘했다고 칭찬하면서 글쓰기에 대한 자신감을 갖게 만들어 주세요. 단, 칭찬만큼 중요한 격려에 대한 이야기는 이 책의 뒷부분에서 해 보겠습니다.

글쓰기에 자신감이 생기면 누가 시키지 않아도 스스로 쓰게 되고, 더 길게 쓰고 싶어집니다. 앞에서 말한 두 가지가 자동적으로 해결되는 셈이죠. 그렇다면 어떻게 칭찬해 줄 수 있을까요?

오랫동안 고민하고 실천한 저만의 노하우를 알려 드리겠습니다. 아이의 글을 읽은 다음, 지금 할 것과 다음에 할 것을 구분하면 됩니다.

아이의 글을 읽고 글씨를 조금 더 바르게 쓰면 좋겠다고 말하는 것은 다음에 해도 됩니다. 아이의 글을 읽고 지난번보다 훨씬 잘 읽힌다고 말해 주는 것은 지금 해야 합니다.

지금 할 것과 다음에 할 것만 구분해도 아이들은 글을 쓰는 일에 호감을 갖게 됩니다. 글쓰기 싫어하는 아이를 위한 세 가지 특급 레시피는 결코 어렵지 않습니다. 욕심만 조금 내려놓으면 됩니다.

□ 아이의 글을 보고 생각이 솔직하게 나타난 것 같다고 말하는 것, 지금 해야 합니다.

□ 아이의 글을 보고 지난번 글보다 훨씬 잘 읽힌다고 칭찬해 주는 것, 지금 해야 합니다.

□ 아이의 글을 보고 지난번보다 더 좋은 글 같다고 함께 기뻐해 주는 것, 지금 해야 합니다.

□ 아이의 글을 보고 너무 잘 썼다면서 다른 가족, 친구들에게 자랑해 주는 것, 지금 해야 합니다.

□ 글씨체가 이게 뭐냐고 묻는 것, 다음에 해도 됩니다.

□ 호응이 부자연스러운 부분을 찾는 것, 다음에 해도 됩니다.

□ 맞춤법이 틀린 부분을 찾는 것, 다음에 해도 됩니다.

□ 띄어쓰기가 잘못된 부분을 찾는 것, 다음에 해도 됩니다.

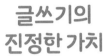

글쓰기의
진정한 가치

글쓰기의 가치에 공감하지 못하는 사람들은 이렇게 말합니다. "요즘 같은 디지털 세상에서 글쓰기만으로는 입에 풀칠하기 힘들지."

과연 그럴까요? 제 생각은 조금 다릅니다.

글쓰기를 밥벌이 수단으로 삼는다면 비효율적일 수 있겠으나 글쓰기 자체는 성공하는 데 분명 도움이 됩니다. 나의 생각을 표현하고 타인의 생각을 받아들이는 과정을 거치지 않고 성공하는 사람은 없습니다. 그런 점에서 글쓰기는 내 생각을 표현하고 상대방과 상호작용하게 해 주는 효율적인 의사소통 수단입니다.

· 자산을 늘리기 위해서도 필요한 글쓰기 ·

저와 비슷한 생각을 하는 사람이 있습니다. '오마하의 현인'이라고 불리는 투자의 귀재 워런 버핏입니다. 그는 미국의 경제뉴스 전문 방송 CNBC와의 인터뷰에서 이렇게 말했습니다. "당신이 가진 자산을

50% 이상 늘릴 수 있는 가장 쉬운 방법은 글쓰기와 말하기 같은 의사소통 능력을 키우는 것이다."

"구슬이 서 말이라도 꿰어야 보배"라는 우리 속담도 있습니다. 제아무리 좋은 것이라도 잘 다듬어서 쓸모 있게 만들어야 가치를 발휘할 수 있다는 뜻입니다.

머릿속에 많은 지식과 혜안을 가지고 있어도 밖으로 표현하지 않으면 의미가 없습니다. 100을 알고 있어도 30밖에 보여 주지 못하면 그는 30을 가진 사람이라고 여겨질 수밖에 없으니까요.

내가 가진 것을 제대로 전달할 수 있는 능력은 매우 중요합니다. 워런 버핏은 이것을 의사소통 능력이라고 말한 것이고요. 사회에서 성공하기 위해서는 이런 능력이 반드시 필요합니다.

상담을 하러 오는 부모님 중에 글쓰기 같은 건 초등학교 때 일기 잘 쓰고 독후감만 잘 쓰면 되는 것 아니냐고 하는 분이 있습니다. 그것도 학창 시절에만 필요하지, 졸업하면 쓸모 없는 것 아니냐고 묻기도 하고요. 전혀 그렇지 않습니다. 글쓰기는 평생 필요합니다. 사회에서의 성공뿐만 아니라 학교 생활, 직장 생활의 성공과도 직결됩니다.

· 초등부터 수능까지 피할 수 없는 글쓰기 ·

가끔 초등학교를 졸업한 제자들이 중학생이 되어 찾아오는데, 그때마다 저는 이렇게 묻습니다. "초등학교 때랑 비교했을 때 가장 힘든 게 뭐야?" 그러면 열에 일곱은 수행평가가 힘들다고 말합니다.

아이들이 말하는 수행평가는 대부분 글쓰기 과제입니다. 중학교에서 가장 큰 비중을 차지하는 게 보고서 쓰기나 감상문 쓰기, 설득하는 글쓰기 같은 것이니까요. 초등학교 때까지 오지 선다형 문제나 단답형, 단순 서술형 문제만 풀어 봤기 때문에 정확한 답이 정해져 있지 않은 글을 쓰는 게 어려울 수밖에 없습니다.

고등학교에 가면 상황이 달라질까요? 더 심해집니다. 요즘 고등학교에서는 수행평가의 비중이 20~40% 정도 됩니다. 중간고사, 기말고사와 어깨를 나란히 하고 있다는 뜻이죠. 고등학교에서는 어떤 유형의 수행평가로 학생들을 평가할까요? 중학교와 비슷하지만 범위가 더 넓어집니다. 자기 소개서, 서평, 에세이, 수업 일기, 보고서, 논설문, 비평문, 시 감상문, 시 창작, 수학 에세이, 과학 에세이, 영어 에세이, 역사 일기, 독서 일기 등등.

고등학교 수행평가는 그야말로 글쓰기의 향연입니다. 글쓰기에 자신 있는 학생에게는 천국이겠지만, 그렇지 않은 학생에게는 지옥입니다. 변화하는 교육의 패러다임으로 볼 때 수행평가의 비중은 앞으로 늘어나면 늘어났지, 줄어들 일은 없을 것입니다.

초·중·고등학교에서 질리게 글을 썼으니 대학 가면 글쓰기와 작별할 수 있을까요? 천만에요! 대부분의 대학 수업은 전공 서적을 읽은 다음 에세이 쓰기로 이어집니다. 다행인 건 미국, 캐나다, 유럽의 대학에 비해 한국 대학은 에세이 쓰기 문화가 덜한 편이라는 거죠.

미국에서는 입학할 때부터 에세이를 씁니다. 조지 부시 전 대통령의 모교로 알려진 미국의 필립스 아카데미나 영국의 옥스퍼드대학도 글쓰기 수업을 굉장히 강조합니다. 심지어 하버드대학에는 모든 학생이 필수로 들어야 하는 글쓰기 강좌가 있고, 대학 안에는 하버드 글쓰기 센터도 있습니다.

선진국의 유명 대학들은 왜 이렇게 글쓰기를 강조하는 걸까요? 지식인이 되기 위해, 또 비판적 사고를 하기 위해 가장 필요한 게 글쓰기라고 생각하기 때문입니다. 머지않아 우리나라에도 서울대 글쓰기 센터, 고려대 글쓰기 연구소, 연세대 글쓰기 코칭 센터 같은 게 생길지도 모릅니다.

· 사회 생활에 더 필요하고 중요한 글쓰기 ·

학교를 졸업하면 글쓰기를 안 해도 될까요? 아닙니다. 취업한 후에도 글쓰기는 필요합니다. 단순히 필요한 정도가 아니라 인정받는 직장인이 되기 위해 반드시 갖춰야 할 기본 소양입니다.

직장인이 가장 어려워하는 게 기획서를 쓰는 일이라는데, 기획서는 일반 글쓰기와 크게 다르지 않습니다. 신입 사원이나 중견을 지나 관리자가 되면 어떨까요? 그때도 글쓰기는 요긴하게 사용됩니다. 내가 가진 비전을 직원에게 표현할 수 있어야 하니까요.

공무원은 좀 다를까요? 그렇지 않습니다. 요즘은 국가공인 한국 실용 글쓰기 시험이라는 게 있어서 이 자격을 취득하면 공무원 임용에 가산점을 줍니다. 공무원에게 글쓰기가 얼마나 필요한지를 가늠해 볼 수 있는 현상이죠.

실제로 공무원 임용 후 가장 많이 쓰는 소프트웨어가 한글이나 마이크로소프트 오피스 워드라고 합니다. 9시에 출근해서 6시에 퇴근할 때까지 쓰고, 고치고, 다시 쓰는 일의 연속입니다. 승진 시험에도 보고서, 기획서 쓰기가 빠지지 않고 등장합니다. 이처럼 글쓰기는 우리 생활 곳곳에 존재합니다.

워런 버핏은 자산을 늘리기 위해 의사소통 능력이 필요하다고 말했습니다. 그런데 글을 잘 쓰면 정말로 자산을 늘릴 수 있을까요?

이것 하나만큼은 분명합니다. 글을 잘 쓰면 중·고교 시절 수행평가 때문에 스트레스 받지 않을 수 있습니다. 대학생이 되면 리포트의 압박에서 벗어나 제대로 된 공부를 할 수 있습니다. 직장 생활을 하면서는 자신의 아이디어를 잘 포장해 외부에 공개할 수 있고 덤으로 상사의 인정도 받을 수 있습니다. 글을 잘 쓰면 직원들에게 내가 가진 비전을 잘 전달해 조직의 발전에 도움을 줄 수 있습니다.

이쯤 되면 글쓰기는 성공하는 데 도움을 주는 게 아니라 성공하기 위한 필수 조건이라고 말해야 하지 않을까요?

2장

설명하는 글쓰기

설계도가 있어야
글을 잘 쓸 수 있다

천재 건축가라도 집을 지으려면 설계도가 필요합니다. 수준급 가수가 노래를 부를 때도 오디오 가이드가 있어야 하죠. 건축가가 설계도를 그리고, 가수가 오디오 가이드를 만드는 것과 똑같은 게 글의 전개 방식을 결정하는 일입니다. 특히 내가 알고 있는 지식이나 정보를 설명하는 글에서는 글쓰기 전 전개 방식을 결정하는 과정이 꼭 필요합니다. 이것만 잘하면 설명하는 글은 쉽게 쓸 수 있습니다.

· 초등학교에서 배우는 글의 전개 방식 ·

초등학교에서는 정의, 비교·대조, 분류, 분석, 열거, 예시, 인과, 구분 같은 전개 방식을 배웁니다. 전개 방식이라는 단어가 생소하거나 조금 어렵게 느껴질 수 있어 교과서에서는 '설명 방법'이라는 단어를 사용하지요. 저는 이 책에서 전개 방식이라는 단어를 그대로 사용하겠습니다.

2015 개정 교육과정 5학년 1학기 국어 교과서 3단원 '글을 요약해요'에서는 비교·대조와 열거라는 전개 방식을 배웁니다. 그리고 학년이 올라가면서 분석이나 분류 같은 방식을 순차적으로 배우지요.

전개 방식을 본격적으로 배우지 않아도 저학년 때부터 교과서에 실려 있는 지문이 대부분 이런 형식입니다. 그래서 아이들은 무의식적으로 이 방식을 익히게 되죠.

5, 6학년 아이들이 "분류 방식으로 쓴 글을 찾아보세요."라는 질문에는 잘 대답하지 못해도 "이게 분류 방식으로 씌어진 글입니다."라고 말하면 대부분 "아, 이런 거 본 적 있어요."라고 대답합니다. 분명 배우기는 했는데 제대로 알지는 못하는 것이죠. 전에 배운 걸 지금은 잊은 것일 수도 있고요.

초등학교 수준에서 다루는 글의 전개 방식을 이해하기는 어렵지 않습니다. 문제는 이런 전개 방식을 활용해서 글을 쓰는 것이죠. 하지만 이 또한 연습을 통해 실력을 키울 수 있습니다. 그러려면 의도적으로 전개 방식을 선택해서 사용해 보는 '의식적인 연습'이 필요합니다. 그 전에 기본적인 전개 방식에 어떤 것이 있는지 알아보겠습니다.

· 비교와 대조 ·

전개 방식의 하나인 비교와 대조는 정말 많이 들어봤지만 들을 때마다 헷갈립니다. 어른도 그런데 아이들은 오죽할까요? 비교와 대조를 아주 간단히 설명해 보겠습니다. 아이들이 가장 좋아하는 김밥을 예로 들어 보죠.

☑ 참치 김밥과 치즈 김밥은 둘 다 김밥이다. (비교)
☑ 참치 김밥에는 참치가 들어 있고, 치즈 김밥에는 치즈가 들어 있다. (대조)

비교는 둘 이상의 대상을 견주어 서로의 공통점을 찾아 설명하는 방법입니다. 반면 대조는 둘 이상의 대상을 견주어 서로의 차이점을 찾아 설명하는 방법이죠. 공통점과 차이점, 어렵지 않죠?

그런데 이렇게 비교와 대조의 개념을 이해하는 것에서 끝나서는 안 됩니다. 비교와 대조의 방법으로 글을 쓸 수 있어야만 진짜 아는 것이라고 할 수 있습니다.

비교와 대조의 전개 방식을 이용해서 설명하는 글을 쓸 때 가장 활용도 높은 방법은 벤다이어그램을 사용하는 것입니다. 본격적으로 글쓰기를 시작하기 전에 벤다이어그램 속에 쓸거리들을 적으며 생각해 보는 과정을 거치면 훨씬 더 매끄러운 글을 쓸 수 있습니다.

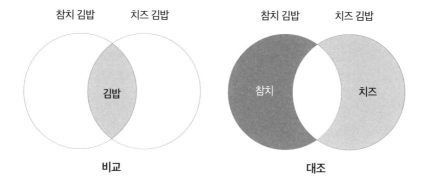

다음과 같이 표를 채워 보는 방식도 있습니다. 두 방법 모두 원리는 동일합니다.

주제	공통점	차이점
참치 김밥	김밥	참치
치즈 김밥		치즈

· 열거 ·

열거는 설명하고자 하는 대상을 죽 늘어놓는 방법입니다. 나열이라고도 하죠. 아이들이 가장 많이 사용하는 전개 방식이기도 합니다. 가장 간단한 형식의 예를 들자면 이런 거죠.

> ☑ "내가 좋아하는 음식은 라면, 피자, 치킨, 초밥입니다."

너무 간단하다고요? 간단해 보이지만 이 문장 하나가 한 편의 글을 완성하는 씨앗이 되어 줍니다.

옆 페이지의 예문에서 보듯이 한 문장이 금방 다섯 문단으로 늘어났네요. 이처럼 어떤 것을 설명할 때 열거라는 방법은 가장 쉽게 사용할수 있으면서도 가장 편안한 글을 쓸 수 있는 수단이 됩니다.

내가 좋아하는 음식

사람이 매일 하는 것 중의 하나는 음식을 먹는 일이다. 지구상의 단 한 사람도 음식을 먹지 않는 사람은 없다. 음식을 먹는다는 건 기분 좋은 일이고 행복한 일이다. 그런 점에서 내가 좋아하는 음식을 설명해 보겠다.

내가 좋아하는 첫 번째 음식은 라면이다. 부모님께서는 라면은 몸에 해롭기 때문에 먹지 않는 게 좋다고 말씀하신다. 그런데 라면을 안 먹을 수는 없다. 특히 매콤한 라면을 먹었을 때는 스트레스가 풀린다. 학교가 끝나고 학교 앞 편의점에서 먹는 불닭 볶음면은 세상에서 가장 맛있는 음식이다. 다섯 개도 먹을 수 있다.

두 번째 음식은 피자다. 피자는 언제 먹어도 맛있는 음식이다. 피자 위에 올라가 있는 새우, 스테이크, 고구마, 감자 같은 토핑은 정말 맛있다. 그리고 따뜻할 때 먹으면 쭉 늘어지는 치즈 맛도 좋다. 내가 가장 좋아하는 피자는 치즈 크러스트 피자인데 빵 속에 치즈가 들어 있어서 씹을 때마다 고소한 맛이 나서 좋아한다.

세 번째는 치킨이다. 나는 어렸을 때부터 치킨을 좋아해서 별명이 '닭돌이'였다. 지금도 혼자서 한 마리를 다 먹을 수 있다. 프라이드치킨, 양념치킨, 간장치킨, 마늘치킨, 양파치킨. 내가 알고 있는 치킨 종류만 해도 열 가지가 넘는다. 그중에서 내가 가장 좋아하는 건 프라이드치킨과 간장치킨이 반반 섞여 있는 메뉴다. 두 가지 맛을 한 번에 먹을 수 있다니. 이 글을 쓰다 보니 갑자기 닭다리가 먹고 싶어진다.

네 번째는 초밥이다. 초밥은 조금 비싼 편이라서 자주 먹진 못한다. 그래서 그런지 먹을 때마다 맛있다. 특히 연어 초밥은 입에 넣으면 씹지 않았는데도 어느 순간 사라져 버린다. 참 신기하다. 연어 초밥 위에 올라가 있는 양파와 사과 소스는 연어 초밥을 더 맛있게 만들어 준다.

비교와 대조의 방법으로 글을 쓰기 전에 벤다이어그램을 그렸던 것처럼 열거라는 전개 방식을 사용하기 전에 해 보면 좋은 생각의 틀이 마음 지도입니다. 영어로는 마인드맵이라고 하죠. 1971년에 영국의 토니 부잔이 만들어 낸 마인드맵은 50년이라는 시간이 흐르면서 많은 사람이 보편적으로 사용하는 방법이 되었습니다.

하지만 글을 쓰기 전에 마음 지도를 그리는 아이는 많지 않습니다. 대부분 백지를 펴 놓고 일단 쓰기 시작하죠. 그리고 어느 정도 쓰다가 이렇게 말합니다. "선생님, 생각이 잘 안 나요."

설령 생각이 나더라도 그때그때 떠오르는 내용을 마구잡이로 적다 보면 일관성 없는 글이 될 가능성이 큽니다. 특히 설명하는 글을 쓸 때는 중복을 피해야 합니다. 한 번 썼던 것과 비슷한 소재를 다시 말할 필요는 없으니까요. 마음 지도로 밑그림을 그린 다음 글을 쓰기 시작하면 이런 문제를 피할 수 있습니다.

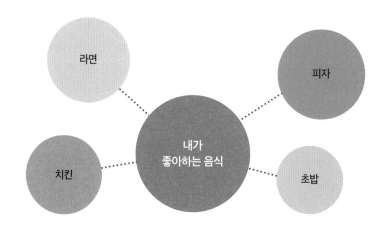

· 전개 방식을 생각하고 글을 쓰자 ·

미국 프로농구 NBA를 보고 있으면 선수들의 현란한 개인기에 깜짝 놀라게 됩니다. 크로스 오버, 유로 스텝, 페이드 어웨이, 더블 클러치 같은 기술이 거리낌 없이 사용되니까요.

유명 가수의 콘서트장에 가 보면 샤우팅, 두성, 비성, 가성, 반가성 등의 기술을 넘나들며 열창하는 모습에 감동받습니다. 작가들도 마찬 가지입니다. 작품을 써 나가면서 비교·대조, 예시, 열거 등 다양한 전 개 방식을 꼭 필요한 자리에 적절하게 사용하죠.

그렇다면 프로농구 선수들이 개인기를 사용할 때, 가수들이 다양한 창법을 구사할 때, 작가들이 전개 방식을 구현할 때 일일이 의식하면 서 그 기술들을 쓸까요? 아니죠. 너무 오랫동안 해 왔기 때문에 별다 른 의식 없이 자연스럽게 사용할 겁니다. 그들은 프로니까요.

아마추어 때는 이런 기술들을 하나씩 연습했겠지요. 농구선수라면 '오늘은 크로스 오버를 사용해서 경기를 풀어 나가야지.', 가수라면 '후 렴 부분에서는 두성을 써야지.' 하는 과정을 거쳤겠지요.

그런데 우리는 아이들에게 백지를 주면서 쓰고 싶은 것이나 소개하 고 싶은 것을 적어 보라고 합니다. 이건 기본기가 없는 초보에게 지금 당장 코트에 나가서 경기를 뛰라고 말하는 것과 비슷합니다. 어떤 기 술을 사용하고 어떻게 플레이할지 생각할 기회도 주지 않고 곧바로 현장에 투입하는 것이나 다름없으니까요.

그러니 우리는 아이에게 어떤 전개 방식을 사용해서 글을 쓸 것인지 생각할 기회를 줘야 합니다. 그때 다음과 같은 틀을 사용하면 많은 도 움이 될 것입니다.

설명하는 글을 쓸 때 사용하는 구조 잡기 양식

제목	
이 주제와 관련해서 설명하고 싶은 내용	
어떤 방법으로 설명하면 좋을까? 그 이유는?	
구조 만들기	

글쓰기 자료를
찾아보자

한 예능 프로그램을 통해 주목받은 책이 있습니다. 은유 작가의『쓰기의 말들』이라는 책입니다.

저는 전부터 이 작가의 팬이었는데, 그건 글쓰기에 대한 생각이 평소 제 생각과 너무 비슷했기 때문입니다.『쓰기의 말들』에서 가장 인상적이었던 내용은 다음과 같은 것이었습니다. 은유 작가의 말을 제 방식대로 바꿔 보겠습니다. "글쓰기가 막막할 땐 자료를 찾으면 된다. 자료가 있으면 쓸거리가 생긴다."

비록 초등학생을 위한 글쓰기 조언은 아니었지만, 저는 이 아이디어를 들은 순간 우리 반 아이들에게 꼭 들려줘야겠다는 생각을 했습니다. 실제로 아이들과 글쓰기 수업을 하다 보면 어떻게 써야 할지 막막하다는 이야기를 많이 듣는데, 그럴 때마다 다른 내용을 찾아보거나 검색해 오라고 하면 글감을 더 잘 찾았거든요. 경험을 통해 알고 있던 내용을 은유 작가의 노하우를 통해 더 확실하게 믿게 되었다고나 할까요?

· 자료가 있어야 잘 설명할 수 있다 ·

설명하는 글은 지식이나 정보를 전달하기 위해 쓴 글을 말합니다. 즉 객관적인 지식이나 정보가 담겨 있어야 설명하는 글이 됩니다. 그렇다면 아이들이 쓰고 있는 설명하는 글 속에는 어떤 지식과 정보가 담겨 있을까요? 지식과 정보는 없고 주관적인 경험과 주장만으로 채워져 있는 경우가 많습니다.

총알이 있어야 총을 쏠 수 있는 것처럼 설명할 자료가 있어야 설명하는 글을 쓸 수 있습니다. 자료도 없이 제대로 된 설명을 할 수는 없으니까요. 다시 말해 설명하는 글쓰기의 시작은 설명할 자료를 찾는 것입니다.

설명하는 글쓰기에 필요한 자료는 어떻게 찾을 수 있을까요? 교과서에서는 주로 다음과 같은 자료 수집 방법을 제시합니다.

글감 수집 방법		
□ 설문지	□ 관찰	□ 면담
□ 책	□ 인터넷 검색	

다섯 가지 방법 중에서 가장 많이 활용되는 것은 무엇일까요? 국어 교과뿐만 아니라 사회, 과학 교과에도 매번 등장하는 설문지와 관찰은 자료 수집 방법의 하나로 소개되지만 현실적으로는 좀처럼 사용되지 않는 방법입니다. 요즘은 도서관에서 책을 찾아보겠다는 아이도 거의 없는 편이고요.

경험상 아이들 열 명 가운데 여덟 명은 인터넷 검색 방법을 사용합니다. 알파 세대(2011~2015년 사이에 태어나 유아기 때부터 스마트폰이나 IT 기기를 사용하며 자란 아이) 아이들은 모든 정보를 인터넷을 통해 학습하고 있다고 해도 과언이 아닙니다.

집에서도 아이들이 모르는 게 있으면 네이버나 구글을 통해 해결하고 있지 않나요? 결국 우리 아이들은 인터넷의 망망대해 속에서 설명하는 글을 쓸 자료를 찾아야 합니다.

· 인터넷에서 자료를 잘 찾으려면 ·

흔히 구글을 검색엔진이라고 하는데 이는 잘못된 생각입니다. 구글은 검색엔진이 아니라 '신(god)'입니다. 세상의 모든 것을 알고 있는 '구글신'이죠.

아이들이 찾으려고 하는 건 구글에 다 있습니다. 없는 것도 있다고요? 없는 게 아니라 못 찾는 겁니다. 한글이 아니라 영어, 스페인어로 바꿔 검색하면 다 나옵니다. 그것도 안 되면 번역기를 써서 아랍어로 검색해 보세요. 분명 나올 겁니다.

그런데 중요한 건 자료를 '찾고 못 찾고'가 아닙니다. '쓸 수 있는 자료인지 아닌지'가 중요하죠. 설명문을 쓰기 위한 자료를 찾아오라고 하면 아이들의 70%는 인터넷에 있는 자료를 그대로 '복사'해 '붙이기'를 해 옵니다. 물론 그 안에는 읽기 어려운 영문과 한자어가 그대로 포함되어 있고요.

자료를 찾기는 했지만 잘 찾았다고 할 수는 없습니다. 글쓰기에 사용할 수 없는 자료니까요. 인터넷에서 자료를 잘 찾는다는 것은 내 수준에 맞는, 내가 쓸 수 있는 자료를 찾는 것을 뜻합니다.

설명하는 글을 쓸 때 필요한 자료를 인터넷에서 찾아야 한다면 무작정 검색할 게 아니라 다음 사이트에서 찾도록 안내해 주세요. 어른이 이해할 수 있는 단어가 아니라 아이들 눈높이에 맞게 관련된 개념을 설명해 주는 사이트들입니다.

어린이 백과 - 네이버 지식 백과

네이버가 제공하는 초등학생용 학습 백과

https://terms.naver.com/list.nhn?cid=44625&categoryId=44625

천재학습백과

천재교육이 제공하는 초·중·고 교과 기반 온라인 학습 백과

https://koc.chunjae.co.kr/main.do#!

초등과학실험 - 천재학습백과

천재학습백과가 제공하는 초등 과학실험 동영상 모음

https://tv.naver.com/cjsciencelab

Zum 학습백과

Zum이 제공하는 온라인 학습 백과(천재학습백과와 연동)

http://study.zum.com/

Kiddle

구글이 제공하는 어린이 비주얼 검색엔진

https://www.kiddle.co/

Kidzsearch

어린이 검색엔진과 학습 보조도구들을 모아둔 사이트

https://www.kidzsearch.com/

· 자료 찾기보다 계획표 만들기가 먼저다 ·

물론 이들 사이트를 이용한다고 해서 찾은 내용 그대로를 사용할 수 있는 건 아닙니다. 다만 성인이 사용하는 검색엔진에 비해 초등학생 눈높이에 맞춰진 자료를 찾아볼 수 있다는 건 분명한 장점이죠.

한 가지 팁이 더 있습니다. 아이와 함께 설명하는 글에 대한 자료를 찾을 때는 곧바로 자료 찾기에 돌입하지 말라는 것입니다. 먼저 다음의 자료 수집 계획표를 채우고 나서 자료를 찾아 보세요. 시간도 절약하고 찾아야 하는 내용도 효과적으로 검색할 수 있습니다.

자료 수집 계획표

설명하고 싶은 내용	더 찾아보고 싶은 내용	이 내용을 어디에서 찾을 수 있을까?

잘 요약하는 아이가
글도 잘 쓴다

대한민국에서 글 잘 쓰는 사람을 꼽을 때 빠지지 않는 사람이 유시민 작가입니다. 그는 지금까지 『거꾸로 읽는 세계사』, 『어떻게 살 것인가』, 『역사의 역사』 등 많은 책을 출간했고 그중에 베스트셀러도 여러 권입니다.

베스트셀러를 쓸 수 있었던 영업기밀이 소개돼 눈길을 끌었던 책 『유시민의 글쓰기 특강』에서 그는 글을 잘 쓸 수 있는 비법에 대해 이렇게 말합니다. "잘 쓰려면 잘 요약할 수 있어야 한다."

· 요약은 독해와 작문을 잘할 수 있는 비법 ·

우리는 보통 잘 쓰려면 많이 써 봐야 한다고 생각합니다. 물론 유시민 작가도 그 점에 동의하지만, 그에 앞서 요약을 해 보는 연습이 필요하다고 말합니다. 요약은 글에 들어 있는 중요한 생각을 찾아 이를 간단하게 추려내는 것입니다. 핵심을 추리려면 글 속에서 중요한 내용과 그렇지 않은 내용을 구분할 수 있어야 합니다. 요약을 하다 보면 자연스럽게 독해 연습이 되는 것이죠. 핵심 내용을 발췌해서 쓰다 보면 자연스럽게 글쓰기 연습도 됩니다. 요약이라는 과정 속에 독해와 작문이라는 두 가지 중요한 기술이 포함되어 있는 셈입니다.

초등학교 국어 교과과정에서도 요약을 중요하게 생각합니다. 다음은 초등학교 국어과 읽기 성취 기준에서 제시하고 있는 요약하기와 관련된 내용입니다. 1~2, 3~4. 5~6학년 성취 기준에 모두 등장한다는 것은 6년 내내 요약하기를 배우고 있는 거라고 말할 수 있겠죠?

[2국02-03] 글을 읽고 주요 내용을 확인한다.
[4국02-01] 문단과 글의 중심 생각을 파악한다.
[4국02-02] 글의 유형을 고려하여 대강의 내용을 간추린다.
[6국02-02] 글의 구조를 고려하여 글 전체의 내용을 요약한다.

· 요약 잘할 수 있는 다섯 가지 팁 ·

글쓰기에 방법이 있듯 요약하기에도 방법이 있습니다. 몇 가지 기술과 팁만 알아도 초등학교 교과서 수준의 지문들은 쉽게 요약할 수 있습니다. 요약을 잘할 수 있는 다섯 가지 팁을 공개합니다.

하나, 중심 문장을 찾아 나의 언어로 바꿔라!

국어 시간에 배운 내용을 요약해 보라고 하면 70%가 넘는 아이들이 텍스트의 내용을 그대로 옮겨 적습니다. 요약이 아니라 직접 인용이라고 해야 할 정도로 문단의 중심 문장을 거의 그대로 옮겨 쓰는 것입니다.

물론 중심 문장을 찾아냈다는 건 칭찬해 줘야 마땅합니다. 초등학교 5, 6학년의 대다수가 중심 문장과 뒷받침 문장을 구별하는 것도 어려워하니까요. 그렇다고 해서 중심 문장을 그대로 옮긴 것을 요약으로 인정해 줄 수는 없습니다.

요약은 텍스트의 내용을 나의 말로 바꿔 표현해 새로운 글을 만들어내는 것입니다. 한마디로 재창조의 과정이죠. 요약을 잘하는 첫 번째 단추는 요약이 무엇인지를 분명히 아는 것입니다. 아이들에게 꼭 이야기해 주세요. 요약은 재창조라는 사실을.

둘, 글의 구조를 파악하라!

초등학교 교과서에서 요약하기의 예시문으로 제시되는 글들은 대부분 비교·대조 구조, 순서 구조, 문제와 해결 구조같이 요약하기 좋도록 구조화된 것들입니다. 굳이 교과서 지문이 아니더라도 탄탄한 글들은 대부분 체계적으로 구조화되어 있죠.

나무를 보기 전에 숲을 봐야 한다는 말이 있죠? 요약할 때도 똑같습니다. 글의 세부 내용을 파악하는 게 아니라 어떤 구조로 쓰여 있는지를 먼저 파악해야 합니다. 숲을 보는 것이죠.

초등학교 5학년 2학기 국어 교사용 지도서에서는 글의 구조를 다음과 같이 구분합니다.

이처럼 요약하기의 첫 단추는 글의 구조를 파악하는 것입니다. 구조만 파악되면 글을 읽는 시간을 절반으로 줄일 수 있습니다. 속독 학원에서 글의 구조를 강조하는 것도 이 때문입니다.

셋, 중심 낱말을 찾아라!

주어진 텍스트를 한 번만 읽고 요약할 수 있는 사람은 없습니다. 그리고 한 번만 읽을 필요도 없죠. 당연한 말이지만 여러 번 읽을수록 요약을 잘할 수 있습니다. 텍스트를 처음 받아 들었을 때 해야 하는 일은 중심 낱말을 찾아 동그라미 치는 것입니다.

아이들에게 중심 낱말이 무엇인지 설명해 주기는 쉽지 않습니다. 그럴 땐 다음 두 가지 방법을 제안해 보세요. 하나, 자주 나오는 낱말이 중심 낱말이다. 둘, 비슷한 느낌의 낱말이 여러 개 나온다면 그것을 포함하는 게 중심 낱말이다. 요약하고자 하는 글의 중심 낱말이 무엇인지 알게 되면 글의 핵심을 자동적으로 파악할 수 있습니다.

넷, 한 문장으로 요약하라!

저는 영화를 본 다음 후기를 한 줄로 정리하는 습관이 있습니다. 마치 평론가처럼 나만의 한 줄 평을 써 보는 것이죠. 물론 쉽지 않습니다. 한 줄 평을 고민할 때마다 새삼스럽게 평론가의 위대함을 느끼곤 하니까요.

영화의 내용이나 한 편의 글을 한 문장으로 요약하는 것은 어려운 일입니다. 글 전체의 내용이 한 문장 안에 들어가야 하기 때문입니다. 실제로 한 문장 요약은 대부분의 아이가 가장 어려워하는 것 중 하나입니다. 글 전체의 내용을 머릿속에 넣은 다음 가장 핵심적인 것을 뽑아내는 것이니 까다로운 게 당연합니다.

하지만 요약의 고수가 되기 위해서는 반드시 이 연습을 해야 합니다. 이게 익숙해지면 두 문장, 세 문장으로 문장 수를 늘리면 됩니다. 빼는 것보다 늘리는 게 쉽겠죠?

다섯, 요약 체크리스트를 활용하라!

내가 쓴 글과 남이 쓴 글을 비교하는 경우는 많습니다. 하지만 서로가 요약한 글을 비교하는 일은 흔치 않죠.

요약문도 한 편의 글입니다. 서로가 요약한 글을 비교해 보는 활동은 잘 요약된 예시문을 하나 제시하는 것보다 훨씬 효과적입니다. 글을 읽다 보면 어떤 게 잘 요약된 것이고 어떤 게 그렇지 않은 것인지를 자연스럽게 파악할 수 있기 때문입니다. 수학 문제를 풀 때 정답 풀이만 보여 주는 게 아니라 잘못된 풀이를 보여 줬을 때 더 잘 배울 수 있는 것과 같은 원리입니다.

친구가 쓴 요약문을 읽을 때는 요약 체크리스트를 참고하여 평가하는 게 좋습니다. 물론 내가 요약한 때도 체크리스트를 읽어 보고 쓰면 금상첨화겠죠?

요약 체크리스트

☑ 너무 간단하게 요약해서 중요한 내용이 빠지지는 않았는가?

☑ 너무 길게 요약해서 중요하지 않은 내용이 들어가지는 않았는가?

☑ 중요한 내용과 그렇지 않은 내용을 구분하여 요약했는가?

☑ 읽는 이가 이해하기 쉽게 요약했는가?

☑ 요약한 문장들이 매끄럽게 연결되었는가?

어휘력을 높이는
네 가지 비법

공부의 핵심은 텍스트를 읽고 이해하는 것입니다. 이해해야 오랫동안 기억할 수 있고, 그 내용을 바탕으로 새로운 생각을 싹틔울 수 있죠. 즉 읽기는 공부의 기본이 됩니다. 그리고 읽기의 중심에는 어휘력이 있습니다. 어떻게 하면 이렇게 중요한 어휘력을 기를 수 있을까요?

우리 반 아이들과 실제 국어 수업에서 활용하고 있는 방법 몇 가지를 소개합니다. 가정에서도 충분히 활용할 수 있는 방법입니다.

· 나만의 어휘 노트를 만들자 ·

책을 읽다 모르는 단어가 나오면 초등학교 아이들은 어떻게 할까요? 70%는 그냥 넘어가고, 25%는 무슨 뜻인지 물어봅니다. 나머지 5%만이 다음에 다시 보기 위해 노트에 적습니다. 드물긴 하지만 한 반에 한 명 정도는 이렇게 합니다. 그리고 이런 아이들의 어휘력은 예외 없이 뛰어납니다.

기록은 기억을 도와주는 효과적인 방법입니다. 적는 자만이 살아남는다는 '적자생존'이란 말이 있을 정도죠. 이 원칙은 어휘력 향상에도 그대로 적용됩니다.

교과서나 책을 읽다가 잘 모르는 단어가 나오면 노트에 기록하는 것, 이것이 바로 나만의 맞춤형 어휘 노트를 만드는 좋은 방법입니다. 이렇게 하면 '초등학생들이 모르는 어휘 모음'이나 '초등 어휘력 1000' 같은 출판물을 보고 공부하는 것보다 훨씬 효과적입니다.

사전 형식의 어휘력 책은 '이 정도는 초등학생이 알아야 한다.'는 생각으로 만들어졌기 때문에 내 수준에 맞지 않을 때가 많습니다. 그보다는 책을 읽다가 발견한 모르는 단어를 그때그때 기록해서 내 손으로 정리하는 것이 더욱 효과적입니다. '내 것'이라는 애착이 생기기 때문이죠. 아이들의 생김새가 제각각이듯 어휘 노트 속 단어도 서로 달라야만 제대로 된 노트라 말할 수 있습니다.

어휘 노트 속에는 세 가지 요소가 포함되어야 합니다. 모르는 단어, 단어의 의미, 단어를 활용한 짧은 글.

모르는 단어를 찾고 의미를 적는 것만으로는 머릿속에 오래 기억되기 힘듭니다. 단기기억에 잠시 머무를 뿐 장기기억으로 넘어가지 않기 때문이죠. 정보를 장기기억 속으로 이동시키는 부호화(encoding)의 과정이 필요합니다. 부호화하는 데 가장 효과적인 방법은 새로운 정보를 기존에 알고 있던 정보와 연결시키는 것입니다. 그렇게 정보가 입력되면 훨씬 오래 기억할 수 있죠.

모르는 단어와 내가 아는 단어를 결합시켜 짧은 글을 써 보는 경험, 이게 바로 새로운 정보와 기존의 정보를 맺어 주는 활동입니다. 실제로 활용할 수 있어야만 진짜 내 것이 되는 것 아닐까요?

· 단어의 이미지도 함께 기억하자 ·

모르는 단어를 찾아볼 때 대부분 국어사전이나 통합 검색 사이트를 이용합니다. 그런데 이미지까지 찾아보는 경우는 매우 드물죠. 예를 들어 생각해 봅시다. 초등학교 2학년 시완이가 책을 읽다 '석쇠'가 뭐냐고 저에게 묻습니다.

찾아보니 석쇠는 고기나 생선 등을 구울 때 사용하는 기구를 말합니다. "그래. 석쇠는 고기나 생선 등을 구울 때 사용하는 도구야." 이제 시완이는 석쇠가 무엇인지 알았습니다.

하지만 시완이의 머릿속은 개운치 않습니다. '어떻게 굽는다는 거지? 프라이팬 같은 건가? 어제 삼겹살 구워 먹을 때 쓴 솥뚜껑 같은 건가?' 이런 생각들이 떠다니고 있거든요.

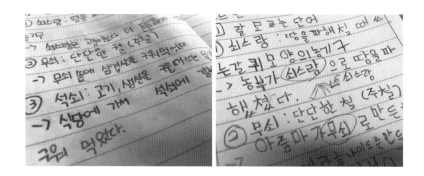

어떤 단어의 의미를 확실하게 기억하는 좋은 방법은 이미지와 결합시키는 것입니다. 실제로 석쇠 사진을 보여 주니 시완이는 이렇게 반응했습니다. "이거였어요? 당연히 알죠. 어제 저기에 갈비 구워 먹었는걸요. 지난번에 할머니 집에서도 저기에 전어 구워 먹었어요." 어휘를 이미지와 함께 배우면 보다 선명하게 기억할 수 있습니다.

· 초성 퀴즈로 놀자 ·

초성 퀴즈는 초등학생이 가장 좋아하는 놀이 중 하나입니다. 단어나 문장의 자음만으로 전체 단어나 문장을 맞히는 놀이죠. 방식이 워낙 간단해서 1학년부터 6학년까지 호불호 없이 대부분 흥미를 보이는 놀이 방식입니다.

이 초성 퀴즈는 어휘력을 높이는 데 매우 효과적입니다. 자연스럽게 단어에 관심을 갖도록 만들어 주기 때문이죠. 다양한 단어를 생각해 내야 하기 때문에 창의성의 요소 중 하나인 유창성을 기르는 데에도 좋습니다.

예를 들어 'ㄱㅈ'이라는 자음을 주고 초성 퀴즈를 해 봅시다. 가정, 가족, 교장, 거지, 기자, 가지 등등 많은 단어가 나올 것입니다. 알고 있는 단어가 나올 만큼 다 나오면 규정, 구조, 기장 같은 조금 어려운 단어를 말하게 됩니다. 처음 들어 보는 단어가 나오면 당연히 '규정은 무슨 말이지?'와 같은 생각을 하게 되죠. 자신이 말한 '구조'라는 단어의 뜻을 상대방에게 설명해야 할 수도 있고요. 이처럼 어려운 단어를 놀이를 통해 쉽게 접근하게 만들어 주는 것이 초성 퀴즈입니다.

· 단어 속에 사용된 한자어를 익히자 ·

알고 보면 우리말 단어의 상당수가 한자어죠. 특히 아이들이 어려워하는 어휘의 대부분은 한자어로 이루어져 있습니다. 그렇다면 한자어를 얼마나 공부해야 어휘력이 좋아질까요?

성인이 일상생활에서 사용하는 한자는 5,000개 정도입니다. 매일 10개씩 500일 공부하면 익힐 수 있죠. 하지만 한자어 공부가 어휘력 향상에 효과적이라고 해서 그 많은 한자어를 모두 공부할 수는 없습니다. 다 기억할 수도 없고요. 그렇다면 어떻게 하는 게 좋을까요?

그때그때 단어 속에서 발견한 한자어의 쓰임을 확인해 보는 것입니다. '한자의 음'에 집중하는 것이죠. 가령 가전(家電)이라는 단어를 공부하게 되었다면 여기에 쓰인 '집 가(家)'라는 한자음에 대해 좀 더 탐구해 보는 것입니다. 같은 한자어가 들어 있는 다른 단어를 쭉 찾아보는 것이죠.

가족, 귀가, 가축, 가정이라는 단어 속에 모두 '집 가'라는 한자어가 들어 있습니다. 이 뜻을 확실하게 알아 둔다면 나중에 가사(家事)나 가세(家世), 가출(家出) 같은 단어가 나왔을 때 의미를 유추해 볼 수 있지 않을까요?

새로운 한자어를 공부하기보다는 이미 알고 있는 단어 속에서 한자어를 찾아 그 의미를 확장시켜 가는 것이 보다 효율적으로 공부할 수 있는 방법입니다.

설명하는 글쓰기 팁

설명하는 글쓰기는 초등학교 시절 내내 쓰게 되는 글이라고 말해도 지나치지 않습니다. 초등학교 1학년 때부터 이미 우리 가족을 설명하거나 내 친구를 설명하는 등의 활동이 무수히 많죠. 그만큼 아이들이 어렵지 않게 써 볼 수 있는 글이라는 의미입니다.

초등학교 국어과 교육과정에서 제시하고 있는 설명하는 글쓰기는 다음과 같습니다.

설명하는 글쓰기와 관련된 학년별 성취 기준

[2국03-03] 주변의 사람이나 사물에 대해 짧은 글을 쓴다.

[6국03-03] 목적이나 대상에 따라 알맞은 형식과 자료를 사용하여 설명하
　　　　　는 글을 쓴다.

설명하는 글쓰기와 관련된 국어 교과서 단원

5학년 1학기 3단원 글을 요약해요

5학년 2학기 8단원 우리말 지킴이

사실 설명하려고 하면 어떤 것이든 설명할 수 있습니다. 하지만 설명하는 글을 쓰려고 하면 무엇을 설명해야 할지 막막할 수 있죠. 그럴 때는 아래에서 제시하는 질문을 이용해서 하루 한 장씩 설명하는 글을 써 보세요. 다섯 번 정도 쓰게 되면 익숙해질 겁니다.

그런 다음에는 아이가 직접 질문을 만들어 보게 하고 부모님이 설명해 보세요. 이렇게 역할을 바꿔 가며 질문을 만들고 글을 쓰다 보면 설명하는 글에 대한 부담감이 점차 사라지게 될 것입니다.

· 설명하는 글쓰기 질문 ·

1	내 책상 위에 있는 물건 중에서 가장 소중하게 여기는 물건은 무엇인가요?
2	외국 친구에게 설명해 주고 싶은 우리나라 최고의 음식은 무엇인가요?
3	우리 가족을 소개하는 글을 어떻게 쓸 수 있을까요?
4	강아지의 좋은 점을 설명하는 글을 어떻게 쓸 수 있을까요?
5	내 스마트폰에서 내가 가장 좋아하는 사진을 소개하자면?
6	혼자보다 둘이 먹었을 때 더 맛있는 음식은 무엇인가요?
7	친구들과 사이좋게 지내는 법에 대한 글을 어떻게 쓸 수 있을까요?
8	내가 가장 좋아하는 게임을 친구들에게 소개하는 글을 어떻게 쓸 수 있을까요?
9	피자를 맛있게 먹는 세 가지 방법에 대한 글을 어떻게 쓸 수 있을까요?
10	임원 선거에서 친구들에게 많은 표를 받을 수 있는 방법에 대한 글을 어떻게 쓸 수 있을까요?
11	초등학생이 가장 좋아하는 급식 메뉴 베스트 5에 대한 글을 어떻게 쓸 수 있을까요?

12	우리 학교에서 나만 알고 있는 비밀 장소를 설명하는 글을 어떻게 쓸 수 있을까요?
13	초등학교에 입학하는 동생들에게 '초등학교 생활 잘하는 방법'을 설명하는 글을 어떻게 쓸 수 있을까요?
14	초등학생들의 이성 교제를 설명하는 글을 어떻게 쓸 수 있을까요?
15	우리 학교를 소개하는 글을 어떻게 쓸 수 있을까요?
16	내가 좋아하는 운동의 종류를 소개하는 글을 어떻게 쓸 수 있을까요?
17	○○○을 발명한 사람을 소개하는 글을 어떻게 쓸 수 있을까요?
18	초등학생에게 인기 많은 아이돌 가수를 소개하는 글을 어떻게 쓸 수 있을까요?
19	초등학생에게 인기 많은 유튜버를 소개하는 글을 어떻게 쓸 수 있을까요?
20	라면 맛있게 끓이는 방법을 우리 반 친구들에게 소개하자면 어떻게 쓸 수 있을까요?

3장

주장하는 글쓰기

주장은 상대방을
설득하는 것이다

"그래서 너의 주장은 뭔데?"

교실에서 주장하는 글쓰기 수업을 할 때면 가장 많이 나오는 질문이 바로 이것입니다.

노트를 한 쪽 넘게 채운 채아에게 민기가 이렇게 말합니다. "채아야, 너는 글을 참 길게 썼구나. 그런데 아무리 읽어도 네가 하고 싶은 얘기가 뭔지 잘 모르겠어. 너의 주장이 뭐야?"

아이들에게 글쓰기의 중요성을 강조하고 한두 달 정도 지난 뒤 보면 글밥이 꽤 많아진 걸 느끼게 됩니다. 그래서 "와, 이렇게 길게 쓸 수 있게 되었네!"라고 놀랄 때가 많죠.

하지만 내용을 조금만 들여다보면 주장과 근거, 중심 문장과 뒷받침 문장이 명확하게 구분되지 않는 경우가 많습니다. 그런 글은 읽어도 내용 파악이 잘 되지 않습니다. 횡설수설하고 있다는 느낌을 줄 뿐이죠. 아이가 아직 이런 글을 쓰고 있다면 주장하는 글쓰기의 기본을 알려 주어야 합니다.

· 주장이 먼저, 근거는 나중에 말하자 ·

　말과 글 사이에는 밀접한 상관 관계가 있습니다. 실제로 말 잘하는 사람이 글도 잘 쓴다고 하죠. 그래서 글을 잘 쓰기 위해서는 말 잘하는 사람이 어떻게 말하는지 살펴볼 필요가 있습니다.

　우리 주변에서 말을 잘한다고 손꼽히는 사람들은 대부분 자신의 주장을 먼저 말하는 경향이 있습니다. 그 이유는 주장을 먼저 말해야 듣는 사람이 쉽게 이해하기 때문입니다. 그들은 자기의 생각을 말하는 것 못지않게 다른 사람이 내 이야기를 이해하고 있는지를 중요하게 여깁니다.

　초등학교 아이들에게 우리가 왜 주장을 해야 하는지, 주장하는 말을 하고 주장하는 글을 쓰는 이유가 무엇인지 물어보면 대개 이렇게 말합니다. "내가 어떤 생각을 하고 있는지를 표현하기 위해서 주장을 합니다." 과연 그럴까요?

　절반은 맞고 절반은 틀렸습니다. 주장은 분명 내 생각을 표현하는 것이지만 동시에 상대방을 설득하는 목적도 포함되어 있기 때문입니다. '나의 생각을 표현하는 것'만큼 중요한 게 '상대방을 설득하는 것'이라는 말입니다.

　그렇다면 어떻게 해야 설득을 잘할 수 있을까요? 무엇보다 내 말을 듣거나 내 글을 읽는 사람이 나의 생각을 잘 이해할 수 있어야 합니다. 주장을 먼저 말하는 것과 마지막에 말하는 것, 어떤 게 더 이해하기 쉬울까요? 당연히 먼저 말하는 게 쉽습니다. 그래서 여러 가지 근거와 이유를 든 뒤 나의 주장을 말하는 미괄식보다 임팩트 있게 주장부터 말하는 두괄식이 상대를 설득하는 데 훨씬 유리합니다.

다음은 6학년 아이가 '초등학생에게 스마트폰이 필요한가?'라는 주제에 대해 자신의 생각을 쓴 글과 이를 각색한 글입니다.

주장하는 글 A

초등학생에게 스마트폰은 필요합니다. 부모님들은 초등학생에게 무슨 스마트폰이 필요하냐고 말씀하십니다. 하지만 외외로 필요할 때가 많습니다. 수업 시간에 필요한 정보를 찾아볼 때 스마트폰을 사용하면 훨씬 쉽고 빠르게 검색할 수 있습니다. 또한 친구들과 약속을 잡을 때도 좋습니다. 그리고 스마트 기기를 잘 활용할 수 있는 사람일수록 미래 기술을 잘 받아들일 수 있다고 합니다. 그런 점에서 초등학교 때부터 스마트폰을 자주 사용해 본다면 유능한 성인이 되는 데 도움이 된다고 생각합니다.

주장하는 글 B

부모님들은 초등학생에게 무슨 스마트폰이 필요하냐고 말씀하십니다. 하지만 외외로 필요할 때가 많습니다. 수업 시간에 필요한 정보를 찾아볼 때 스마트폰을 사용하면 훨씬 쉽고 빠르게 검색할 수 있습니다. 또한 친구들과 약속을 잡을 때도 좋습니다. 그리고 스마트 기기를 잘 활용할 수 있는 사람일수록 미래 기술을 잘 받아들일 수 있다고 합니다. 그런 점에서 초등학교 때부터 스마트폰을 자주 사용해 본다면 유능한 성인이 되는 데 도움이 된다고 생각합니다. 초등학생에게 스마트폰은 필요합니다.

같은 주장을 하고 있지만 주장을 먼저 말하느냐 나중에 말하느냐에 따라 내용에 대한 이해도나 설득력의 정도가 다르게 느껴집니다. 주장하는 내용이 무엇인지 알고 나서 근거를 듣는 것과 여러 가지 근거들을 쭉 들은 다음 주장을 이해하는 것 사이에는 분명한 차이가 있습니다. 두 글을 읽으면서 느꼈던 것처럼 말이죠.

· 주장하는 글쓰기는 말하기와 함께 연습해야 효과적이다 ·

사람들은 보통 근거가 탄탄해야 설득력 있는 글이라고 생각합니다. 그런데 주상이 무엇인지 확실하게 알아야 근서도 눈에 들어오는 법입니다. 아무리 타당한 근거가 있어도 주장이 무엇인지 잘 모르면서 듣게 되면 한 귀로 들어왔다 다른 귀로 흘러나가기 쉽습니다. 당연히 설득되기도 쉽지 않죠.

"주장하는 글을 쓸 땐 주장을 먼저 말하는 게 좋아."라고 몇 번을 말해도 아이들이 쓰는 글은 쉽게 변하지 않습니다. 주장을 먼저 말하고 쓰는 건 일종의 습관이기 때문이죠.

그래서 저는 주장하는 글쓰기를 지도할 때 주장하는 말하기를 함께 가르칩니다. 언제나 주장을 먼저 말하게 하는 것입니다. 말을 통해 몸에 배게 되면 글을 쓸 때는 의식하지 않아도 주장이 먼저 나오게 될 테니까요.

다음은 학년에 구애받지 않고 초등학교 전체 학년에서 사용할 수 있는 의견 말하기 틀입니다. 간단한 내용이지만 초등학교 저학년 때부터 이 틀에 맞춰 생각하고, 말하고, 써 보는 연습을 한 아이들은 무언가 확실히 달랐습니다.

나는 _____ 에 대해 _____ 라고 생각합니다.

왜냐하면 _____ 때문입니다.

　실제로 학기 초에는 이 틀에 맞춰 말할 수 있는 아이가 스물네 명 가운데 절반도 되지 않았습니다. 하지만 꾸준히 연습을 했더니 학년말이 됐을 때는 꽤 많은 아이가 이 틀에 맞춰 말을 할 수 있었습니다. 한 번만 익혀 두면 무조건 이득인 틀이라고 할 수 있지 않을까요?

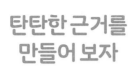

탄탄한 근거를
만들어 보자

초등학교 교과서에 나오는 주장하는 글의 예시문은 대부분 다음과 같은 짜임으로 구성되어 있습니다.

주장하는 글의 기본 구조

제목	글쓴이의 주장이 반영된 제목
서론	해결해야 한다고 생각하는 문제 상황, 나의 주장
본론	근거1 근거2 근거3
결론	내용 요약, 주장 강조

아이들이 이 틀에 따라 개요를 짜는 경우, 어떤 부분을 가장 어려워 할까요? 물론 글쓰기 성향에 따라 차이가 날 수 있지만 대부분의 아이는 본론에서 근거를 생각해 내는 걸 힘들어했습니다. 정말 많은 아이가 "선생님, 근거를 어떻게 써야 할지 모르겠어요."라고 말했습니다.

·적절한 근거가 있어야 주장에 힘이 실린다·

근거는 '뿌리 근(根)', '근거 거(據)' 자를 사용하여 만들어진 단어입니다. 만물의 근원을 의미하는 '뿌리 근'이라는 한자를 사용한 것에서 알 수 있듯이 근거란 '근본이 되는 거점'을 일컫는 말입니다. 이 뜻을 글쓰기에 적용해 보자면 근거란 나의 주장이 옳다는 것을 보여 주는 생각이나 자료를 말합니다. 정리해 보자면 근거가 제대로 되어야만 나의 주장도 바로 설 수 있습니다.

하지만 아이들은 근거를 생각해 내는 걸 어려워합니다. 평소에 근거를 따지며 생각해 본 경험이 없기 때문이죠. 물론 모든 아이가 근거를 대지 못하는 건 아닙니다. 개중에는 근거를 곧잘 생각해 내는 아이도 있습니다. 이런 식이죠.

주장 : 초등학생은 게임을 해도 된다.
근거 1 : 게임은 재미있기 때문이다.
근거 2 : 게임을 하는 것이 운동을 하는 것보다 친구들과 친해지기 쉽기
      때문이다.

근거를 생각해 내긴 했지만 적절한 근거라고 하기는 어렵습니다. 근거의 형식을 띠고 있지만, 내용상으로는 근거라고 할 수 없습니다. 위의 예처럼 자신의 취향이나 생각을 근거라고 생각하는 아이가 의외로 많죠. 이렇게 해서는 상대방을 설득하기 어렵습니다.

자신의 생각을 나타낸 것만으로도 충분히 훌륭한 것 아니냐고요?

맞습니다. 글로 나만의 생각을 표현했다는 것은 분명 잘한 일입니다. 하지만 아이들이 학교에서 쓰게 될 글은 자신의 취향을 보여 주는 수필보다 자신의 주장을 논리적으로 내세워 읽는 이들을 설득해야 하는 논설문이나 객관적인 정보를 알려 주는 설명문이 대부분입니다. 그래서 자신의 주장에 대해 적절한 근거를 대는 방법을 배워야만 합니다.

· 탄탄한 근거를 만드는 세 가지 꿀팁 ·

주장하는 글의 필수 요소는 주장과 근거입니다. 적절하고 탄탄한 근거는 주장의 설득력을 높여 주죠. 미흡한 근거를 제시한다면 주장도 덩달아 약해 보입니다. 그만큼 근거가 중요합니다.

하지만 일반적인 초등학교 아이들은 근거를 찾는 연습을 많이 해 보지 못했습니다. 그래서 주장하는 글을 쓸 때 어떤 근거를 어떻게 대야 하는지 모르는 경우가 많죠. 탄탄한 근거를 만들어 줄 세 가지 꿀팁을 소개합니다.

하나, 통계 자료를 활용하라!

주장하는 글의 설득력을 높이는 방법 중 하나는 통계 자료를 활용하는 것입니다. 매우 중요한 요소지만 실천하는 아이는 별로 없는 편이죠. 초등학교 저학년이나 중학년에게는 조금 어려울 수 있지만 고학년이라면 꼭 추천해 주고 싶은 방법입니다.

국가통계포털(KOSIS) 사이트에 들어가면 국내, 국외의 여러 가지 통계 자료를 열람할 수 있습니다. 인구, 사회 일반, 복지, 정보통신,

금융, 환경, 에너지처럼 주제별로 정리되어 있어 검색하기도 쉽죠. 여기서 찾아낸 통계 자료들을 주장을 뒷받침하는 근거로 사용한다면 글을 읽는 사람도 나의 주장을 더 설득력 있게 받아들일 것입니다.

통계 자료 정리 양식

통계 이름	통계 자료 내용
통계 자료 출처	
통계 자료 조사 기간	

Tip

통계 자료 활용하기

통계청은 매년 전국 학생통계 활용대회를 개최합니다. 1998년부터 시작된 이 대회에는 전국의 초·중·고교 학생들이 통계 포스터를 만들어 경연에 참여합니다. 대회는 '초등학생들은 전화와 문자 중에서 어떤 걸 더 많이 활용할까?'(제21회 초등부 금상 수상 주제), '초등학생들은 용돈을 얼마나 받을까?'(제21회 초등부 은상 수상 주제)와 같은 질문에 대한 답을 찾아가는 과정에서 통계를 기반으로 한 근거를 준비하고 이를 발표하는 과정으로 진행됩니다. 논리적, 합리적으로 생각할 수 있는 기회를 제공해 줄 뿐만 아니라 데이터를 읽을 수 있는 힘을 길러 주는 대회라고 할 수 있죠. 이 대회에 나가 본 경험이 있다면 주장하는 글을 쓸 때 통계 자료를 근거로 활용하는 것쯤은 식은 죽 먹기로 하지 않을까요?

둘, 신문 기사를 활용하라!

탄탄한 근거를 만들어 주는 두 번째 방법은 신문 기사를 활용하는 것입니다. 요즘은 하루에도 어마어마한 양의 기사가 쏟아져 나와 과거보다 신문 매체의 권위가 떨어진 게 사실입니다. 하지만 신문사에서 발행되는 기사들은 인터넷 블로그나 SNS를 통해 공유되는 정보보다 타당성이 있다고 할 수 있죠. 근거를 찾을 때는 무턱대고 포털 사이트에 검색어를 입력하는 것보다 인터넷 신문사에 들어가 나의 주장과 관련된 기사들을 찾아보는 게 효과적일 수 있다는 사실을 아이들에게 꼭 알려 주세요!

신문 기사 자료 정리 양식

기사 출처	기사 내용
기사 내용 세 줄 요약	

셋, 유명 인사의 말을 인용하라!

베스트셀러 작가들의 책을 읽어 보면 유명 인사의 말을 인용하여 자신의 주장을 강화하는 경우가 많습니다. 예를 들어 글쓰기를 잘하려면 글쓰기를 공부하는 것보다 직접 써 보는 게 필요하다고 주장할 때는 미국 작가 제임스 서버가 했다는 다음 말을 인용하면 됩니다. "제대로 쓰려고 하지 말고, 무조건 써라." 권위 있는 사람의 이야기를 인용하면 나의 주장에 힘을 실을 수 있기 때문이죠. 읽는 사람에게 강렬한 인상을 줄 수도 있고요.

그럼에도 초등학교 교과서에서는 매우 유용하게 쓰일 수 있는 이 방법을 알려 주지 않습니다. 물론 인용할 만한 문장을 평소에 많이 수집해 놓고 있어야 한다는 단점이 있기는 합니다.

작가들은 대부분 문장 수집가입니다. 좋은 문장이 좋은 글을 쓰게 만드는 씨앗이 되니까요. 그런 점에서 초등학생 때부터 문장을 수집하는 습관을 기른다면 탄탄한 근거를 제시할 때뿐만 아니라 글쓰기에 대한 흥미와 관심을 지속해 가는 데에도 큰 도움이 되지 않을까요?

· 근거를 적절하게 만드는 체크리스트 ·

글쓰기에 퇴고가 필요하듯이 근거를 제시한 다음에는 내가 제시한 근거가 적절한 것인지 확인하는 과정이 필요합니다. 초등학교 국어 교과서에서는 글쓴이가 제시한 근거가 적절한지 알아보는 기준으로 다음과 같은 준거를 제시합니다.

주장하는 글을 쓴 다음에는 언제나 이 체크리스트를 확인해 내가 적절한 근거를 사용했는지 성찰할 수 있도록 도와주세요. 이 과정을 통해 아이들은 비판적 읽기 능력을 기를 수 있습니다.

근거의 적절성 체크리스트

- ☑ 하나, 주장과 근거가 관련이 있는가?
- ☑ 둘, 근거가 주장을 보다 설득력 있게 만들어 주는가?
- ☑ 셋, 알맞은 단어를 사용하여 근거를 제시했는가?
- ☑ 넷, 주관성을 줄여 객관적으로 표현하였는가?
- ☑ 다섯, 단정 짓거나 모호하게 표현하지 않았는가?
- ☑ 여섯, 자료가 근거를 뒷받침하는가?
- ☑ 일곱, 근거에서 제시한 자료가 믿을 만한 자료인가?
- ☑ 여덟, 많은 사람이 동의할 수 있는 근거인가?

서론은 글의
인상을 좌우한다

초등학교 국어 교과서에 지문으로 등장하는 주장하는 글들은 대부분 서론, 본론, 결론의 3단 구성을 따릅니다. 실제로 아이들에게도 이 구성에 맞춰 글을 쓰게 하는 경우가 많고요. 3단 구성은 주장하는 글을 쓰는 가장 대표적인 방법입니다. 글쓰기를 하는 모든 사람이 사용하고 있는 방법이라고 말해도 과언이 아니죠.

주장하는 글의 기본적인 구조

서론	문제 상황 나의 주장
본론	근거 1 근거 2 근거 3
결론	내용 요약, 주장 강조

주장하는 글을 쓸 때 서론, 본론, 결론 중에서 가장 중요한 부분은

어디일까요? 당연히 본론입니다. 내가 주장하는 핵심 내용이 들어가는 부분이니까요. 그렇다면 서론, 본론, 결론 중에서 글의 얼굴이라고 할 수 있는 부분은 어디일까요? 바로 서론입니다. 서론은 글을 읽을 때 가장 먼저 보게 되는 부분입니다. 우리가 사람을 만날 때 외모를 먼저 보게 되는 것처럼요. 서론은 본론만큼은 아니지만 글쓰기를 할 때 꼭 신경 써서 작성해야 하는 부분입니다.

· '문제 상황 + 왜 해야 할까'로 시작하자 ·

초등학교 교육과정에서 나의 생각과 이에 대한 근거를 말하는 건 3, 4학년에 나오지만 본격적으로 주장하는 글을 쓰는 건 5학년부터입니다. 그렇다면 3, 4학년 때 충분히 연습을 했기 때문에 서론, 본론, 결론 중에서 서론 정도는 잘 쓸 수 있지 않을까요?

그건 잘못된 예상입니다. 실제로 5, 6학년 아이들과 주장하는 글을 쓰게 되면 글의 앞부분인 서론을 쓰는 것에 어려움, 아니 두려움을 느끼는 경우가 많습니다.

그런데 교과서에 등장하는 주장하는 글들을 몇 가지 살펴보면 서론을 쓰는 게 그리 어렵지 않다는 걸 알 수 있습니다. 따로따로 놓고 보면 잘 보이지 않지만 여러 개의 글을 한꺼번에 보면 공통된 특징을 뽑아낼 수 있기 때문이죠.

물론 서론을 쓰는 법칙이 정해져 있는 건 아닙니다. 글쓴이가 자신의 주장을 효과적으로 표현하기 위해 사용하는 발판이 서론이니까요. 글의 서론 부분은 어떤 주장을 하느냐에 따라 충분히 변주될 수 있습니다. 하지만 연주의 기본을 알지 못하는데 변주를 할 순 없죠.

> ☑ '문제 상황 + 까닭은 무엇일까?'
> ☑ '문제 상황 + 왜 해야 할까?'

　그래서 저는 서론 쓰기를 너무 어려워하는 학생들에게는 '문제 상황
+까닭은 무엇일까?', '문제 상황+왜 해야 할까?'의 방법을 이야기해
줍니다. 이 방법만 잘 알아도 글의 앞부분을 쓸 때 두려움을 느끼지
않을 수 있습니다.

· 서론 쓰기의 예 ·

　자, 그럼 '문제 상황+까닭은 무엇일까?', '문제 상황+왜 해야 할까?'
를 어떻게 활용하는지 설명하기 전에 이 방법이 사용된 초등학교 국
어 교과서 지문을 몇 가지 살펴보겠습니다.

> 요즘 많은 어린이가 이야기할 때 은어나 비속어를 사용했다. 국립국어
> 원 조사에 따르면 조사 대상 초등학생의 93퍼센트가 비속어를 사용한
> 적이 있다고 한다. 만약 학생 열 명이 있다면 적어도 아홉 명은 비속어
> 를 사용한 적이 있는 것이다. 비속어가 아닌 고운 말을 사용해야 하는
> 까닭은 무엇일까?
> 　　　　　-2015 개정 교육과정 초등학교 6학년 2학기 국어 교과서 278쪽

하루 세끼 가운데에서 가장 중요한 것이 아침밥이다. 부모님께서는 건강하려면 아침밥을 먹어야 한다고 말씀하신다. 비록 한 끼일지라도 아침밥을 거르거나 대충 때우면 온종일 열량과 영양소가 부족해 건강을 잃게 된다. 아침밥을 거르면 영양소가 부족해 몸도 마음도 힘들어진다. 그렇다면 아침밥을 먹어야 하는 까닭은 무엇일까?

-2015 개정 교육과정 초등학교 6학년 2학기 국어 교과서 283쪽

주장하는 글의 첫 부분에서는 보통 내가 이 주장을 하게 된 문제 상황을 제시합니다. 위의 예에서는 어린이들이 비속어를 많이 사용하거나 아침밥을 거르는 문제 상황으로 글의 서론을 시작했죠. '나는 앞으로 이 문제를 해결할 수 있는 방법을 이야기할 거야.'라고 선전포고한 것입니다. 그 다음에는 자연스럽게 '까닭은 무엇일까?'라고 스스로에게 질문을 던지면서 본론으로 들어가는 것입니다.

문제 상황과 까닭에 대한 언급 사이에 자신의 주장을 추가하는 경우도 있습니다.

요즘에 우리 전통 음식보다 외국에서 유래한 햄버거나 피자와 같은 음식을 더 좋아하는 어린이를 쉽게 볼 수 있습니다. 이러한 음식은 지나치게 많이 먹으면 건강이 나빠지기도 합니다. 그에 비해 우리 전통 음식은 오랜 세월에 걸쳐 전해오면서 우리 입맛과 체질에 맞게 발전해 왔기 때문에 여러 가지 면에서 우수합니다. 우리 전통 음식을 사랑합시다. 왜 우리 전통 음식을 사랑해야 할까요?

-2015 개정 교육과정 초등학교 6학년 1학기 국어 교과서 124쪽

우리나라뿐만 아니라 세계 곳곳에서 벌어지는 자연 개발은 우리 삶을 위협한다. 이러한 무분별한 개발로 우리 삶의 터전인 자연은 몸살을 앓고, 이제 인류의 생존까지 위협하는 상황에 이르렀다. 우리는 자연의 목소리에 귀를 기울이고 자연을 보호해야 한다. 왜 자연을 보호해야 할까?

-2015 개정 교육과정 초등학교 6학년 1학기 국어 교과서 131쪽

위에서 소개했던 두 가지 사례와 흐름은 동일하죠. 전통 음식보다 햄버거나 피자를 좋아해서 건강이 나빠지게 된 문제 상황, 자연 개발로 인해 우리의 자연이 훼손된 문제 상황. 두 가지 모두 문제 상황으로 서론의 첫 문장을 채웠습니다. 그 다음으로는 '우리 전통 음식을 사랑합시다.', '자연을 보호해야 한다.'며 자신의 주장을 밝혔죠. 끝으로 왜 전통 음식을 사랑해야 하는지, 왜 자연을 보호해야 하는지 자신의 주장에 대한 이유를 밝히려는 준비 운동 문장을 넣었고요.

초등학교 교과서에서 제시되는 주장하는 글의 서론은 대부분 이런 흐름으로 구성되어 있습니다. 이렇게 하는 게 가장 보편적이면서도 쓰기 쉽다는 얘기죠.

☑ 문제 상황 + 까닭은 무엇일까? / 왜 해야 할까?
☑ 문제 상황 + 나의 주장 + 까닭은 무엇일까? / 왜 해야 할까?

자, 그럼 아이와 함께 서론 부분 쓰기만 연습해 볼까요?

서론 쓰기 연습 과제 1

제목 : 독서를 하자

문제 상황 : ....

....

....

이유 : 왜 .... 해야 할까?

서론 쓰기 연습 과제 2

제목 : 분리수거를 하자

문제 상황 : ....

....

....

이유 : 왜 .... 해야 할까?

제목 : 스마트폰을 오래 하지 말자

문제 상황 : ....

....

....

이유 : 왜 .... 는 까닭은 무엇일까?

· 서론 집중 쓰기로 기본기를 닦자 ·

주장하는 글을 처음부터 끝까지 쓰는 건 상당한 에너지가 요구되는 일입니다. 다른 건 잘 쓰는데 서론 쓰기를 어려워한다면 서론만 분리해서 집중적으로 써 보는 게 효과적입니다. 앞에서 소개했던 양식으로 제목을 바꿔서 열 번만 써 보세요. 이제 서론 쓰기는 어렵지 않을 것입니다.

앞에서도 말했지만 서론을 쓰는 방법이 한 가지만 있는 건 아닙니다. 글쓴이의 의도에 맞게 다양하게 주장하는 글을 시작할 수 있습니다. 하지만 처음부터 응용하기는 어렵습니다. 기본기에 익숙해져야 응용할 수 있는 힘이 생기는 법이죠.

서론을 쓰는 방법으로 '문제 상황+까닭은 무엇일까?', '문제 상황+왜 해야 할까?' 방식에 익숙해졌다면 다음에 이야기하는 방법들을 이용해서 업그레이드된 서론 쓰기에 도전해 보세요!

교과서 속 논설문에서 주로 사용하는 서론 시작 방법

☐ 주장하는 내용과 관련된 뉴스, 사회 분위기, 이야기, 책, 영화로 시작하기
☐ 단어, 개념의 의미를 밝히며 시작하기
☐ 주장하는 내용과 관련된 자신의 경험으로 시작하기

'공정 무역 도시', '공정 무역 커피' 이런 말을 들어 본 적이 있나요? 2017년에 ○○광역시가 국내 최초로 '공정 무역 도시'로 공식 인정을 받았다는 신문 기사를 접할 수 있었습니다. 공정 무역이란 생산자의 노동에 정당한 대가를 지불해 생산자가 경제적 자립과 발전을 하도록 돕는 무역입니다. ○○광역시는 공정 무역 상품을 상용하고 공정 무역을 확산하려는 활동을 지원해 실질적인 변화를 만들어 내는 도시가 되었습니다. 우리도 공정 무역 제품을 사용해 이러한 변화에 동참해야 합니다.

- 2015 개정 교육과정 초등학교 6학년 2학기 국어 교과서 120쪽

인공 지능 기술의 개발 속도는 우리가 예상할 수 없을 만큼 빨라지고 있습니다. 많은 사람이 다음 세기에는 인공 지능이 인간을 뛰어넘을 것이라고 말합니다. 앞으로 인공 지능은 우리의 삶 곳곳에 영향을 미칠 것입니다. 그런 미래는 편리함이라는 빛만큼이나 위험하고 어두운 그림자 또한 있을 것이라고 생각합니다. 그러므로 인공 지능이 일으킬 위험을 막을 방법도 생각해야 합니다.

- 2015 개정 교육과정 초등학교 5학년 1학기 국어 교과서 158쪽

영국의 어느 대학교에서 펼친 '킬러 로봇 반대 운동'을 들어 보았습니까? 이 운동은 로봇을 개발할 때 돈을 우선할 것이 아니라 사회에 끼칠 위험도 함께 생각해야 한다고 말합니다. 이처럼 우리 사회 곳곳에서는 인공 지능을 개발하거나 이용할 때 사회에 질 책임을 강조하려는 움직임이 활발히 일어나고 있습니다. 인공 지능에는 위험이 있긴 하지만 우리는 인공 지능을 개발하는 것을 포기할 수 없습니다. 인공 지능은 인류 미래에 꼭 있어야 할 기술입니다.

— 2015 개정 교육과정 초등학교 5학년 1학기 국어 교과서 159쪽

OREO
글쓰기

세계적 명문 대학인 하버드대학에 입학한 학생들은 한 학기 동안 '논증적 글쓰기 수업(Expository Writing Program)'을 필수적으로 수강해야 한다고 합니다. '자유의 나라' 미국에서 '반드시' 이수해야 하는 필수과목이라니 조금 아이러니하네요.

하버드대학은 얼마나 이 수업을 중요하게 여기는 걸까요? 1872년 시작돼 지금까지 150년 동안 사라지지 않고 계속해서 이어져 내려오고 있다는 것만으로도 그 가치가 입증된 게 아닐까요.

· 다양한 읽기 자료로 배경지식 쌓기 ·

하버드대학의 '논증적 글쓰기 수업'은 다양한 읽기 자료를 읽으며 배경지식을 쌓는 것으로 시작합니다. 그다음 단계는 격렬한 토론이 펼쳐지는 세미나식 수업입니다. 학생들은 이 과정을 통해 서로 의견을 주고받으면서 자신의 주장을 뒷받침할 탄탄한 근거들을 쌓게 됩니다. 그런 다음 본격적으로 논증하는 글쓰기에 들어갑니다.

> 논증(論證)
> - 옳고 그름을 따져서 증명하는 것

> 논증하는 글쓰기
> - 자신의 주장과 더불어 그 주장을 뒷받침할 논거를 제시
>   하는 글쓰기

1,600여 명의 하버드대 졸업생에게 대학 시절 수강했던 강좌 중 가장 도움이 되었던 수업이 무엇인지 물어 봤습니다. 그랬더니 응답자의 90%가 '논증적 글쓰기 수업'을 꼽았다고 합니다.

그들이 이 강좌를 선택한 이유는 명확했습니다. "대학 졸업 이후 글을 써야 하는 상황이 더 빈번해졌다."는 것입니다. 하버드대학이 '논증적 글쓰기 수업'을 150년 동안 지속하고 있는 데에는 다 그럴 만한 이유가 있었던 것입니다.

· 초등학생을 위한 논증적 글쓰기 OREO ·

하버드대학을 벤치마킹해서 우리 아이들도 논증적 글쓰기를 공부할 수 있는 방법은 없을까요? 물론 있습니다. 초등학교 학생들에게 딱 맞는 4단계 논증적 글쓰기 OREO(오레오)입니다. OREO가 무엇이고 어떻게 논증적 글쓰기를 할 수 있는지 살펴보겠습니다.

Opinion	나의 주장
Reason	나의 주장에 대한 근거
Example	나의 주장을 뒷받침해 줄 사례
Opinion	나의 주장을 강조하기

어떤가요? OREO 속에 논리적인 글의 짜임이 담겨 있지 않나요? 실제로 하버드대학 학생들도 이와 비슷한 틀을 이용해 글쓰기를 훈련한다고 합니다. 미국의 초·중등 사립학교 학생들도 이 방식으로 에세이 쓰기를 연습하고요.

자, 그러면 부모님이 초등학교 5학년이라고 가정하고 OREO 글쓰기를 통해 논증하는 글을 써 보도록 하겠습니다.

첫 번째로 해야 할 일은 한 문장으로 된 나의 주장(O)을 만드는 것입니다. 지금 글쓰기에 대한 이야기를 하고 있으니까 핵심 의견을 이렇게 잡아보겠습니다. '논증하는 글쓰기를 하자.'

다음 단계는 REO에 맞춰 핵심 문장을 하나씩 적어 가는 것입니다. 위에서 본 표 안에 문장을 채워 보면 더 간편하겠네요. 자, 5분만 시간을 내서 직접 채워 볼까요?

Opinion	논증하는 글쓰기를 하자.
Reason	
Example	
Opinion	

생각하기에 따라 쉬울 수도 있고, 다소 어려울 수도 있습니다. 이런 방식으로 생각해 본 적이 별로 없을 테니까요. 부모님이 직접 빈칸을 채워 보자고 한 건 5분만이라도 아이의 입장에 공감할 기회를 가져 보고 싶었기 때문입니다. 앞으로는 왜 빨리 글쓰기를 안 하냐고 채근하지 말아야겠다는 생각이 들죠?.

'논증하는 글쓰기를 하자'라는 주장을 저는 OREO 글쓰기를 활용해서 이렇게 써 봤습니다.

Opinion	논증하는 글쓰기를 하자.
Reason	논증하는 글쓰기는 논리력을 키워 주기 때문이다.
Example	글쓰기가 논리력을 키워 준다는 신문 기사, 논문, 관련 서적, 경험
Opinion	일주일에 한 편씩 논증하는 글을 써 보자.

OREO 글쓰기를 통해 논증하는 글의 대략적인 개요를 짜 봤습니다. OREO에 맞춰 한 문장씩 썼을 뿐인데 저절로 논리적인 글이 만들어지네요. 초등학교 저학년이라면 논리적인 짜임에 맞춰 한두 문장만 쓸 수 있어도 훌륭하다고 할 만합니다. 아직까지는 완성된 문단을 쓰기가 어려우니까요.

· OREO는 문제를 인식하고 해결하는 능력을 키운다 ·

조금 더 완성된 형태의 논증하는 글쓰기가 궁금한 분들을 위해 설명을 이어가 보겠습니다. 위에 정리돼 있는 하나의 문장이 한 문단의 중심 문장이 됩니다. 이 중심 문장을 뒷받침해 줄 내용을 추가해서 하나의 문단을 채워 가면 되고요. 이런 짜임이면 최소 네 개의 문단이 만들어지겠죠? 만약 도입 문단이 추가된다면 다섯 개의 문단이 될 거고요. 이유(Reason)가 두 개라면 한 문단이 더 늘어나겠네요. 신문 기사, 논문, 경험과 같은 다양한 사례(Example)가 추가된다면 문단의 수는 얼마든지 늘어날 수 있습니다.

논리적으로 글을 쓰는 연습을 하면 자연스럽게 논리적으로 생각하게 됩니다. 쓰기와 생각은 떼려야 뗄 수 없는 관계니까요. 만약 아직 논리적으로 생각하는 연습이 부족해서 글쓰기에 어려움을 느낀다면 다음과 같은 방식으로 가이드라인을 제시해 줄 수 있습니다.

Opinion	~하자. ~하고 싶다면 ~하라.
Reason	왜냐하면 ~ 때문이다.
Example	예를 들어
Opinion	그러므로 ~ 하자.

정해진 답을 잘 찾아내는 능력과 새로운 문제를 잘 찾아내는 능력 중 미래 시대를 살아갈 아이들에게 필요한 것은 무엇일까요? OREO 글쓰기는 문제를 찾아 자신의 생각을 논리 있게 주장하는 방법입니다. 이 과정을 통해 새로운 문제를 찾아내는 문제 인식 능력, 문제 발견 능력을 향상시킬 수 있습니다.

하버드대학의 토머스 젠, 낸시 소머스 교수는 '논증적 글쓰기 수업'

을 수년간 가르쳐 왔습니다. 그들이 학생들의 에세이를 첨삭하며 깨닫게 된 사실은 글쓰기 실력은 꾸준히 노력하면 기를 수 있다는 것입니다.

다양한 읽기 자료를 읽고 내 생각을 '글'이라는 도구를 활용하여 창의적으로 풀어내는 것, 논리적으로 생각하는 능력을 기르는 데 이것만큼 확실한 방법이 또 있을까요? OREO 글쓰기가 습관화된다면 논술형 평가 정도는 쉽게 해 낼 수 있습니다. 이미 아이들 머릿속의 시스템은 논리적으로 움직이고 있을 테니까요.

OREO 글쓰기 연습 양식

제목

O 나의 주장

R 근거 1	E 사례 1
R 근거 2	E 사례 2
R 근거 3	E 사례 3

O 결론(나의 주장 강조)

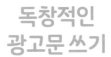

독창적인
광고문 쓰기

　보통 주장하는 글이라고 하면 논설문을 떠올리게 됩니다. 그런데 논설문이라는 말 자체가 굉장히 딱딱한 느낌을 주지요. 뭐랄까, 신문사의 '논설위원'들이 쓰는 글이라는 이미지가 강합니다.

　실제로 우리 반 아이들에게 논설문에 대한 생각을 물었더니 주로 이런 대답이 나왔습니다. "지루하다.", "딱딱하다.", "어렵다." 여러분도 논설문이라고 하면 왠지 어려운 것으로 느껴질 겁니다.

　그렇다면 광고는 어떤가요? 어제저녁 TV에서 본 세계적인 축구스타 손흥민 선수가 등장하는 라면 광고를 떠올려 보세요. 아마 논설문보다 훨씬 친숙한 느낌이 들 겁니다.

　그런데 따지고 보면 논설문과 광고는 형제나 자매 같은 존재라고 할 수 있습니다. '설득하는 글'이라는 한 어머니 밑에서 만들어진 것이기 때문입니다.

　2015 개정 교육과정 초등학교 국어과 5~6학년에서는 다음과 같은 성취 기준과 이에 따른 평가 기준을 제시하고 있습니다.

성취 기준

[6국03-04] 적절한 근거와 알맞은 표현을 사용하여 주장하는 글을 쓴다.

평가 기준

주장하는 글의 특성을 정확하게 이해하고, 적절한 근거와 알맞은 표현을
사용하여 독자를 효과적으로 설득할 수 있도록 주장하는 글을 쓸 수 있다.

주장하는 글을 통해 그냥 주장만 해서는 안 됩니다. 주장에는 목적
이 존재합니다. 바로 상대방을 설득하는 것이죠. 그래서 평가 기준에
서 '독자를 효과적으로 설득할 수 있도록'이라는 표현이 포함된 것입
니다. 그런 점에서 상대를 얼마나 잘 설득할 수 있느냐는 얼마나 잘
주장하느냐와 밀접하게 연결돼 있는 문제입니다.

· 상대를 설득해야 하는 광고 ·

애플은 세련되면서도 단순한 제품을 만드는 기업으로 알려져 있습
니다. 아이폰, 맥북, 아이패드의 멋진 외관을 보면 사고 싶다는 욕구
가 샘솟죠. 그런데 애플은 제품을 잘 만드는 것 못지않게 광고를 잘
만드는 회사로도 유명합니다.

신제품이 출시될 때마다 리뉴얼되는 애플 광고를 보고 있으면 사고
싶다는 마음이 절로 듭니다. 그래서 나도 모르는 사이 검색창을 열고
'아이폰 최저가', '아이패드 싸게 사는 방법'을 검색하게 되죠. 애플 제

품을 홍보하는 매력적인 광고에 설득당한 것입니다.

광고 카피라이터는 다른 사람을 설득하는 것이 직업인 사람입니다. 물건에 대한 정보를 매력적으로 포장해 대중이 그 물건을 사게 하는 것, 기업이 가진 철학을 이야기로 녹여 내 해당 기업에 긍정적인 이미지를 갖게 하는 것, 환경을 보호하거나 건강을 위해 운동을 하자는 공익적인 메시지를 담은 광고를 구상하는 것. 이게 다 광고 카피라이터가 하는 일입니다. 모두 상대를 설득하는 일이죠?

내가 광고 카피라이터라고 생각하고 광고문을 써 보세요. 자연스럽게 자신의 생각을 정리해서 매력적으로 포장하는 연습을 하게 됩니다. 광고라는 친숙한 수단을 이용하여 주장 혹은 설득하는 연습을 해 보세요. 아이들이 흥미 있어 하고 학습 효과도 좋은 방법입니다.

그래서인지 2015 개정 교육과정 6학년 1학기 국어 나 '내용을 추론해요' 단원에서는 영상 광고를 만들어 보는 활동이 제시되어 있습니다. 이전 교과서에서는 광고문을 만드는 활동이 많았는데 시대가 변하는 추세에 맞춰 이 부분을 영상 광고로 개선했다는 생각이 듭니다. 물론 영상 광고든 광고문이든 본질은 나의 주장을 이용해 상대방을 설득하는 것입니다.

· 광고문 쓰기의 4단계 패턴 ·

그렇다면 광고문은 어떻게 쓰는 게 좋을까요? 정보를 알려서 사람들을 설득하는 글인 광고문을 잘 쓰기 위해서는 다음과 같은 4단계를 반복하면 됩니다.

하나, 광고 많이 보기

광고문을 쓰기 전에 반드시 해야 할 일이 있습니다. 일단 많이 보는 것입니다. 인풋이 있어야 아웃풋이 생기니까요. 광고 영상, 광고문을 많이 보고 그 속에서 어떤 내용을 알리고 싶은지 파악하는 시간을 갖습니다. 그런 다음 광고가 주장하는 메시지를 한 줄로 뽑아 보기, 알리고자 하는 내용을 어떻게 표현했는지 말해 보기를 합니다. 광고를 많이 보는 데서 끝나는 게 아니라 그 광고의 좋은 점을 벤치마킹할 수 있어야 합니다.

둘, 광고 주제 선택하기

첫 번째 단계를 통해 배경지식을 쌓았다면 이제 실전에 들어갑니다. 평소 관심이 있었거나 알리고 싶었던 주제, 내가 잘 설득할 수 있을 것 같은 주제를 선택합니다.

셋, 알리고 싶은 내용을 한 줄로 정리하기

"지금까지 이런 맛은 없었다. 이것은 갈비인가, 통닭인가?"

"샘플만 써 봐도 알아요."

"먹지 말고 피부에 양보하세요."

"사나이 울리는 라면."

"의자가 성적을 바꾼다."

한 번쯤 들어 본 적 있는 광고 카피일 것입니다. 사람의 기억력에는 한계가 있어 많은 정보를 보여 주더라도 실제로 기억하는 것은 한 줄 정도밖에 되지 않는다고 합니다. 이 원리는 광고에도 똑같이 적용됩니다. 우리가 기억하는 광고 문구들은 그리 길지 않죠. 광고를 통해 알리고자 하는 내용이 있다면 한 줄로 정리할 수 있어야 합니다.

넷, 광고문 통해 하고 싶은 이야기 정리하기

내가 선택한 주제에 대해 알리고 싶은 내용을 한 문장으로 정리할 수 있다면 두 문장, 세 문장으로 늘려 가는 것은 그리 어려운 일이 아닙니다. 더 소개하고 싶은 내용이나 이 주제와 관련된 나의 경험 등을 추가하면 되지요.

아이들과 광고에 대한 수업을 할 때면 언제나 교실이 활기를 띠었습니다. 일단 광고문을 써 보자고 하면 아이들은 흥분하기 시작하죠. 평소에 "글쓰기 할까?"라고 말했을 때와는 전혀 다른 에너지가 아이들에게서 뿜어져 나옵니다. 그리고 이 에너지는 곧 기발하고 독창적인 광고 문구로 변하게 되고요.

아이들은 광고문을 쓰고 광고 영상을 만들어 보는 게 주장하는 글, 설득하는 글을 쓰는 연습이라는 사실을 알지 못합니다. 놀이라고 생각하죠. 마크 트웨인의 소설『톰 소여의 모험』에 나오는 울타리 페인트칠처럼 말입니다.

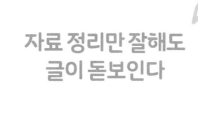

자료 정리만 잘해도
글이 돋보인다

"주장하는 글은 자료만 잘 사용해도 절반은 먹고 들어간다."

초등학교 5, 6학년 아이들에게 주장하는 글쓰기 첫 시간에 아이들에게 일러 주는 저만의 비법입니다.

아이들이 쓴 대부분의 주장하는 글은 주장만 있을 뿐 근거가 탄탄한 경우가 별로 없습니다. 자신이 경험한 정도의 수준에서 근거를 대는 경우가 대부분이죠.

이럴 때 구체적인 자료를 제시한다면 여러 글 중에서 단연 눈에 띌 수밖에 없습니다. 다른 친구들이 쓴 글들보다 돋보이는 글을 쓰고 싶다면 무엇보다 자료를 잘 사용해야 합니다.

· 자료·정보 활용 역량 키우기 ·

초등학교 국어과 교육과정에서는 여섯 가지의 국어과 교과 역량을 강조하고 있습니다.

□ 비판적·창의석 사고 역량

□ 공동체·대인 관계 역량

□ 자료·정보 활용 역량

□ 문화 향유 역량

□ 의사소통 역량

□ 자기 성찰·계발 역량

주장하는 글쓰기에서 자료를 수집하는 것과 관련된 역량이 바로 자료·정보 활용 역량입니다. 나의 주장에 설득력을 더해 주는 자료나 정보를 수집, 분석, 평가하여 상황에 알맞게 올바로 사용하는 것이 목적이기 때문입니다.

이렇듯 중요한 역량이지만 실제 글쓰기를 할 때는 제대로 다루어지지 못하는 게 현실입니다. 주장하는 글을 쓴다고 하면 "인터넷에 검색해서 자료 좀 찾아봐."라거나 "관련 있는 책 좀 찾아볼래?" 하고 말하는 정도가 우리의 현주소니까요. 아이들 입장에선 자료나 정보를 활용하는 구체적인 방법을 알지 못하니 그냥 Ctrl+C(복사하기), Ctrl+V(붙이기)로 자료를 긁어 올 수밖에 없죠.

국어 시간에 자료를 찾아오라는 과제를 내주면 절반 정도가 인터넷상의 자료를 그대로 복사해 가져옵니다. 제대로 수집했다고 말하기 어려운 자료들이죠. 엄밀히 말하면 수집이라고 할 수도 없습니다. 글쓰기에 사용하지 못하니까요.

또 다른 문제점은 준비해 온 자료를 자신의 글 속에 토씨 하나 바꾸지 않고 베껴 쓴다는 것입니다. 그래서 수업 시간 내내 적고만 있죠. 이는 학습 효율성이 있느냐 없느냐, 주장하는 글이 설득력이 있느냐

없느냐를 떠나 치명적인 문제를 안고 있습니다. 그것은 바로 저작권 문제입니다.

· 저작권 교육은 어려서부터 철저히 ·

인터넷에 돌아다니는 자료와 정보들에는 대부분 저작권이 있습니다. 물론 초등학생이 글쓰기를 위해 사용하는 것이고, 배포하거나 상업적으로 이용하는 것이 아니기 때문에 법적으로 문제가 될 일은 거의 없습니다. 하지만 이렇게 자료를 가져와서 내 글에 그대로 사용하는 것은 엄밀히 말해 표절과 저작권 침해라고 할 수 있습니다.

미국이나 영국에 비해 우리나라에서는 저작권법에 대한 교육이 부족합니다. 글쓰기 교육을 강조하는 다른 많은 나라에서는 초등학교 때부터 출처 표시하는 방법, 간접 인용이나 직접 인용 방법을 수업 시간에 가르칩니다. 다른 사람의 글을 그대로 가져와 자신의 과제물인 것처럼 했을 때는 낙제를 시키기도 하고요. 외국의 경우에는 이처럼 지식 창작물을 만든 저작권자의 권리를 보호하는 문화가 보편화되어 있습니다.

하지만 우리나라에서는 저작권법이 학술적인 글을 쓰는 학자들에게나 관련이 있는 것으로 생각하는 경향이 있습니다. 그러다 보니 아이들은 저작권법의 중요성을 알지 못한 채 중·고등학교에 진학하게 되고, 저작권법에 대한 인식이 부족한 채 글쓰기를 하게 됩니다. 그러다가 의도치 않은 범법 행위를 저지르게 되는 것이죠.

그러므로 주장하는 글을 쓰기 위해 자료와 정보를 수집할 때는 표절과 저작권법을 항상 염두에 두고 자료의 출처를 반드시 표시해야 합니다. 그뿐만 아니라 알아보기 쉽게 자료를 정리하여 수집해야 하고, 수집한 자료가 공신력이 있어야 합니다.

그래서 주장하는 글을 쓸 때는 자료 수집 카드를 사용할 것을 적극 추천합니다. 자료 수집 카드는 초등학교 6학년 2학기 국어 교과서 129, 130쪽에 제시되어 있습니다.

· 자료 수집 카드로 자료와 정보 정리하기 ·

자료 수집 카드에 어떤 내용이 포함되어 있어야 하는지가 정해져 있는 건 아닙니다. 저는 보통 다섯 가지의 요소를 적어 보는 자료 수집 방법을 추천합니다.

자료 수집 카드에 들어가는 요소

1	자료 종류	신문 기사, 전문가 인터뷰, 뉴스, 사진 자료, 영상 자료
2	자료 출처	글의 신뢰성을 높이기 위해 자료를 얻게 된 출처를 기록합니다.
3	자료 게시 일시	오래된 자료보다는 최신의 자료가 신뢰성을 줍니다.
4	자료 내용	검색한 자료의 내용을 기록합니다.
5	자료 내용 세 줄 요약	자료의 핵심 내용을 세 줄로 요약합니다.

자료 수집 카드

자료 종류	자료 내용	
자료 출처		
자료 게시 일시	자료 내용 세 줄 요약	

자료 수집 카드를 작성하다 보면 자연스럽게 자료와 정보를 분석할 수 있습니다. 검색한 내용을 그대로 가져오는 게 아니라 카드를 채워 나가는 과정에 정보들이 재구조화되기 때문입니다.

주장하는 글을 쓰는 목적 중 하나는 논리적인 사고를 하는 것이죠. 자료 수집 카드에 자료를 정리하는 것도 비슷한 효과가 있습니다. 수집한 정보를 곱씹어서 내가 활용하기 좋게 요리하는 것입니다. 이 과정에서 아이들은 해당 자료가 신뢰성이 있는 자료인지, 내가 쓰고자 하는 글에 잘 어울리는 자료인지, 읽는 이들이 이해하기 쉬운 자료인지를 생각해 보게 됩니다.

자료 수집 카드를 써 보지 않은 아이는 있어도 한 번만 써 본 아이는 없다는 것, 써 본 사람만이 가치를 알고 있는 게 바로 자료 수집 카드입니다.

출처 표시는 어떻게 해야 할까?

"초등학생인데 출처 표시까지 해야 할 필요가 있나요?"

많은 사람이 이렇게 물어 봅니다. 물론 지금 당장은 필요하지 않을 수도 있습니다. 하지만 출처 표시는 시간이 지날수록 더 중요해집니다. 제대로 배워 놓으면 평생 요긴하게 사용할 수 있는 게 출처 표시 방법입니다. 참고문헌을 표시하는 방식에는 여러 가지가 있지만 여기서는 사회과학 분야에서 주로 사용하는 APA 양식 지침에 기초하여 설명해 보겠습니다.

출처 표시 방법

⟨책⟩의 경우

글쓴이. 출판 연도. 책 제목. 출판사. 쪽수.

⟨인터넷 기사⟩의 경우

글쓴이. 마지막 수정일. 기사 제목. 신문사. 인터넷 주소. 최근 접속 일자.

⟨인터넷 자료⟩의 경우

글쓴이. 마지막 수정일. 자료 제목. 홈페이지. 인터넷 주소. 최근 접속 일자.

⟨신문 기사⟩의 경우

글쓴이. 발행 날짜. 신문 기사 제목. 신문사.

주장하는 글쓰기 팁

초등학교 아이들이 쓰는 글쓰기 중에서 가장 끈기가 필요한 게 주장하는 글쓰기입니다. 형식을 갖춰야 하고 논리적이어야 하기 때문이죠. 그래서 끝까지 쓰지 못하고 중간에 포기해 버리는 경우가 적지 않습니다. 저와 함께 글쓰기 수업을 한 아이들이 가장 어려워한 것도 주장하는 글쓰기였습니다.

그런데 주장하는 글쓰기가 어렵다는 건 그만큼 두뇌를 많이 사용한다는 의미 아닐까요? 다시 말해 주장하는 글쓰기를 지금 몸에 익혀 두면 중학교, 고등학교에 가서도 요긴하게 사용할 수 있다는 얘기가 됩니다.

초등학교 국어과 교육과정에서 제시하는 주장하는 글쓰기는 다음과 같습니다.

주장하는 글쓰기와 관련된 학년별 성취 기준

[2국03-02] 자신의 생각을 문장으로 표현한다.

[4국03-03] 관심 있는 주제에 대해 자신의 의견이 드러나게 글을 쓴다.

[6국03-04] 적절한 근거와 알맞은 표현을 사용하여 주장하는 글을 쓴다.

주장하는 글쓰기와 관련된 학년별 국어 교과서 단원

3학년 1학기 8단원 의견이 있어요

4학년 1학기 6단원 회의를 해요

4학년 1학기 8단원 이런 제안 어때요

4학년 2학기 5단원 의견이 드러나게 글을 써요

4학년 2학기 8단원 생각하며 읽어요

5학년 1학기 5단원 글쓴이의 주장

6학년 1학기 3단원 짜임새 있게 구성해요

6학년 1학기 4단원 주장과 근거를 판단해요

6학년 1학기 7단원 우리말을 가꾸어요

6학년 2학기 3단원 타당한 근거로 글을 써요

6학년 2학기 7단원 글 고쳐 쓰기

한 연수에서 만난 선생님이 "3, 4학년 아이들에게 주장하는 글을 하루에 한 장씩 쓰게 하는 건 너무 가혹한 것 아닌가요?" 하시더군요. 저는 이렇게 대답했습니다.

"완벽하게 완성된 글을 요구한다면 그럴 수 있습니다. 하지만 저는 완벽하진 않아도 나의 주장과 근거, 근거를 뒷받침할 수 있는 예를 들 수 있다면 충분히 훌륭한 글이라고 생각합니다."

하루 한 장씩 글을 쓰는 것의 핵심은 한 장을 채우느냐 못 채우느냐가 아닙니다. 가득 채우지 않아도 괜찮습니다. 중요한 건 하루에 한 번씩 생각하는 경험을 해 보는 것이니까요.

다음 질문들은 주장하는 글쓰기와 관련된 질문 모음으로, 교실에서 아이들과 주고받았던 것입니다. 사실 주장하는 글 속에는 글쓴이의 생각이 들어가야 합니다. 그러므로 가장 좋은 질문은 아이들의 생각, 아이들의 마음속에 있습니다.

예시로 드리는 질문을 하루 한 장씩 써 보세요. 그다음에는 우리 아이가 주장하고 싶은 게 무엇인지 물어 보세요. 세상에서 최고로 좋은 글감은 아이들의 삶 속에 있는 법이니까요.

· 주장하는 글쓰기 질문 ·

1	환경을 보호해야 한다는 의견을 제시하는 글을 어떻게 쓸 수 있을까?
2	분리수거를 제대로 해야 한다는 의견이 담긴 글을 어떻게 쓸 수 있을까?
3	스마트폰을 하며 횡단보도를 걸어가면 위험하다는 의견이 담긴 글을 어떻게 쓸 수 있을까?
4	일회용품 사용을 줄여야 한다는 의견이 담긴 글을 어떻게 쓸 수 있을까?
5	"초콜릿을 많이 먹는 건 건강에 좋지 않다."라는 주장이 담긴 글을 어떻게 쓸 수 있을까?
6	"탕수육은 '부먹'보다 '찍먹'이 맛있다."라는 주장이 담긴 글을 어떻게 쓸 수 있을까?
7	"친구들에게는 바른 말을 써야 한다."라는 주장이 담긴 글을 어떻게 쓸 수 있을까?
8	"수업 시간에는 집중해야 한다."라는 주장이 담긴 글을 어떻게 쓸 수 있을까?
9	"외출 후에는 손을 깨끗하게 씻어야 한다."라는 주장이 담긴 글을 어떻게 쓸 수 있을까?

10	"내 방 정리를 잘 해야 한다."라는 주장이 담긴 글을 어떻게 쓸 수 있을까?
11	"친구의 이름 대신 별명을 불러선 안 된다."라는 주장이 담긴 글을 어떻게 쓸 수 있을까?
12	"청소 시간에 '청소하는 척'하지 말자."라는 주장이 담긴 글을 어떻게 쓸 수 있을까?
13	"편식하지 않고 음식을 골고루 먹어야 한다."라는 주장이 담긴 글을 어떻게 쓸 수 있을까?
14	"공책 정리는 깔끔하게 해야 한다."라는 주장이 담긴 글을 어떻게 쓸 수 있을까?
15	"부모님 말씀을 잘 들어야 한다."라는 주장이 담긴 글을 어떻게 쓸 수 있을까?
16	"줄임말을 쓰지 않고 바른 말을 사용해야 한다."라는 주장이 담긴 글을 어떻게 쓸 수 있을까?
17	"영화관에서 예절을 잘 지켜야 한다."라는 주장이 담긴 글을 어떻게 쓸 수 있을까?
18	"편의점에서 라면을 먹지 말자."라는 주장이 담긴 글을 어떻게 쓸 수 있을까?
19	"물을 아껴 쓰자."라는 주장이 담긴 글을 어떻게 쓸 수 있을까?
20	"초등학교 시절에는 여행을 많이 다녀야 한다."라는 주장이 담긴 글을 어떻게 쓸 수 있을까?

4장

체험에 대한 감상을
표현하는 글쓰기

육하원칙에 따라 쓰자

글쓰기가 중요하다는 것에는 누구나 동의합니다. 하지만 막상 글을 쓰려고 하면 막막하죠. 커서가 깜빡이는 컴퓨터 화면 앞에서 한숨 쉬었던 많은 날을 생각해 보세요. 아이들도 비슷한 감정을 느낄 겁니다. 일기 쓸 시간이라며 공책을 내미는 엄마 얼굴을 보며 아이들은 과연 어떤 생각을 할까요?

· 어떻게 써야 할지 모르겠다면 ·

국어 시간에 글을 안 쓰고 멍하게 앉아 있는 아이들이 있습니다. 처음에는 그런 모습을 보고 답답했습니다. '다른 애들은 잘 쓰고 있는데 왜 저렇게 노트만 뚫어져라 바라보고 있을까.', '5분이나 지났는데 아직도 백지네. 못 쓰는 건가? 안 쓰는 건가?', '생각하는 척하면서 실제로는 다른 생각 하고 있는 거 아냐?'

최근에는 방법을 바꿔서 질문을 합니다. "○○야, 혹시 어떤 이유로 글을 못 쓰고 있는 건지 이야기해 줄 수 있어?" 이 질문을 하기 전까지는 그냥 쓰기 싫어서 안 쓰는 줄 알았습니다. 그런데 아이들 얘기를 들어 보니 나름대로 이유가 있었습니다. "쓰고 싶은데, 진짜 쓰고 싶은데…. 어떻게 써야 할지 모르겠어요."

막상 쓰려고 하면 뭘 써야 할지, 어떻게 써야 할지, 무엇부터 써야 할지 막막한 게 글쓰기입니다. 그럴 때 사용하기 좋은 방법이 바로 육하원칙에 따라 글을 쓰는 것입니다.

대부분의 논리적인 글들은 육하원칙 글쓰기의 변형이라 할 수 있습니다. 육하원칙의 요소에 살점을 채워 넣어 풍성하게 만든 것이죠.

육하원칙은 누구나 알고 있지만 그에 맞춰 글을 쓰는 아이는 얼마 되지 않습니다. 다음은 "주말에 있었던 일을 써 보세요!"라는 글감이 주어졌을 때 아이들이 일반적으로 써 내는 글입니다.

주말에 마트에 갔다. 가지고 싶었던 터닝메카드를 샀다. 재미있었다.

초등학교 1학년의 글이냐고요? 놀라지 마세요. 3학년, 4학년 중에서도 글쓰기 근육이 붙지 않은 아이라면 이 정도밖에 쓰지 못합니다. 글의 분량이 너무 적고 무엇보다 내용이 구체적이지 않죠. "조금 더 구체적으로 길게 써 보면 어때?" 하고 돌려보내면 대개 이렇게 고쳐서 가져옵니다.

> 주말에 마트에 갔다. 가지고 싶었던 터닝메카드를 샀다. 재미있었다. 마트
> 에서 초밥집에 갔다. 연어 초밥을 먹었다. 정말 맛있었다. 그리고 우영이랑
> 놀았다.

선생님이 더 써 오라고 하니 쓰기는 해야겠고, 그렇다고 마땅히 떠오르는 내용은 없으니 그다음에 있었던 일을 그냥 덧붙여 쓴 것입니다. 그러다 보니 사건의 전후 관계는 확인할 수 없고 이 얘기 저 얘기 횡설수설하게 된 것이죠. 흔하게 발견할 수 있는 초등학생의 글쓰기 사례입니다.

· '누가, 언제, 어디서, 어떻게, 왜, 무엇을'로 쓰기 ·

위의 글을 써 온 아이에게 "혹시 육하원칙 아니?"라고 물어 보면 '그렇게 당연한 걸 왜 물어 보지?'라는 듯 웃음을 띠며 자신 있게 육하원칙을 줄줄 읊어 댑니다. 분명 머리로는 알고 있는데 꺼내서 사용할 줄은 모르는 것이죠.

자, 그럼 같은 글감을 육하원칙을 사용해서 써 보도록 하겠습니다.

우리 가족은	지난 주말에	내 생일 선물을 사기 위해	마트에 다녀왔다.
누가	언제	무엇을	어떻게

육하원칙 중 네 가지만 사용했을 뿐인데도 '주말에 마트에 갔다.'보다 훨씬 이해하기 쉬운 걸 알 수 있습니다. 물론 아직까지는 조금 막연한 느낌이 있지요. 그렇다면 육하원칙의 다른 요소를 추가해 보겠습니다.

다음 주 수요일은 내 생일이다. 부모님께서 생일 선물을 사 준다고 해서서			
	왜		
우리 가족은	지난 주말에	내 생일 선물을 사기 위해	마트에 다녀왔다.
누가	언제	무엇을	어떻게

어떻습니까? 육하원칙의 요소가 늘어날수록 독자 입장에서 이해하기 쉬운 글이 된다는 걸 알 수 있습니다. 말하고자 하는 메시지가 명확해지기 때문이죠.

그렇다면 글쓴이 입장에서는 어떤 장점이 있을까요? 하나씩 요소를 넣어 가며 글을 쓰다 보면 더 쓰고 싶은 문장이 떠오릅니다. 하고 싶은 말이 더 생기는 것이죠. 문장이 문장을 불러낸다고 할까요? 머릿속에 떠다니는 생각을 구체적으로 적을수록 글은 더 생생해집니다.

물론 글을 쓸 때 육하원칙의 여섯 가지 요소를 모두 사용해야 하는 것은 아닙니다. 경우에 따라서는 네 가지 혹은 다섯 가지 요소만 사용할 수도 있죠. 중요한 것은 육하원칙을 생각하며 글쓰기를 하는 것입니다. 이게 반복되면 나중에 다른 글을 읽었을 때 육하원칙 중 빠진 요소가 무엇인지 귀신같이 찾아낼 수 있습니다.

아이가 글쓰기를 막막하게 생각한다면 먼저 육하원칙에 따라 질문을 주고받아 보세요. 누구랑 있었던 일인지, 언제 있었는지, 왜 그런 일이 일어났는지. 묻고 답하는 과정에서 글쓰기에 사용할 수 있는 아이디어를 얻게 될 것입니다. 그런 다음 했던 말을 글로 옮기면 되죠. 육하원칙에 따른 글쓰기는 체험한 내용을 글로 옮기려 할 때 사용할 수 있는 효과적인 방법입니다.

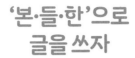

'본·들·한'으로
글을 쓰자

육하원칙에 따라 글을 쓰는 것만큼 체험한 일을 글로 나타낼 때 유용하게 사용할 수 있는 방법이 있습니다. 게다가 육하원칙보다 더 간결하다는 장점이 있지요. 그건 바로 '본·들·한'이라는 방법입니다. '본·들·한' 세 글자만 머릿속에 잘 담아 두고 있으면 초등학교 내내 체험한 일에 대한 글쓰기는 걱정하지 않아도 됩니다.

· 본 것, 들은 것, 한 것 ·

의외로 많은 아이가 체험한 일을 글로 옮기는 것에 어려움을 느낍니다. 절반은 체험한 일을 떠올리는 것 자체를 어려워하고, 나머지 절반도 체험한 일을 떠올리긴 하지만 막상 글로 쓰려면 어떻게 해야 할지 몰라 막막하게 여깁니다. 왜 글을 못 쓰겠냐고 물으면 대부분 이렇게 대답합니다. "생각이 잘 안 나요."

생각이 잘 안 나는 이유는 무엇일까요? 정말로 머릿속에 들어 있지 않아서일까요? 아닙니다. 분명 장기기억 속 어딘가에 숨어 있을 겁니다. 다만 그걸 꺼내는 방법을 모르기 때문에 생각이 안 난다며 핑계를 대는 것이죠.

생각하는 방법을 이용해 생각의 물꼬를 터 주기만 한다면 누구나 기억을 꺼낼 수 있습니다. 이런 생각들이 모여서 글이 되는 것이고요. 그렇다면 어떻게 생각의 싹을 틔울 수 있을까요? '본·들·한'을 이용하면 됩니다.

본 : 본 것
들 : 들은 것
한 : 한 것

'본·들·한'은 본 것, 들은 것, 한 것의 줄임말입니다. 이 세 가지만 있으면 체험한 일에 대한 글을 쓸 때 어렵지 않게 개요를 잡고 써 나갈 수 있습니다. 본 것, 들은 것, 한 것을 떠올리다 보면 쓰고 싶은 내용이 마구 뿜어져 나오게 되거든요. 예를 들어 볼까요?

다음은 우리 반 국어 수업 시간에 있었던 일입니다.

"자, 오늘은 우리가 이 달에 있었던 일 중에서 인상 깊었던 체험을 글로 쓰는 날입니다. 어떤 일이 있었는지 떠올려 볼까요? 인상 깊었던 체험이 생각났다면 그 내용을 친구들과 이야기해 보세요."

이 말이 끝나자 대부분의 아이가 체험학습 다녀온 이야기, 가족과 여행 다녀온 이야기, 교실에서 친구들과 놀았던 이야기 등 여러 가지 이야기를 주고받았습니다. 딱 한 명, 지원이만 빼고요.

선생님 : "지원아, 이야기하고 싶은 내용이 별로 없나 보네?"

지원 : "이야기하고 싶은 내용은 있는데 잘 생각이 안 나요."

선생님 : "어떤 걸 이야기하고 싶은데?"

지원 : "지난주에 가족들과 함께 경주에 다녀온 일이요."

수학 여행의 단골 코스이자 이야기 소재가 될 만한 것이 무궁무진한 경주에 다녀왔는데, 이야기할 내용이 없을 수가 없지요. 이건 결코 소재의 문제는 아니고, 생각하는 방법의 문제라고 생각했습니다. 그래서 지원이에게 '본·들·한'을 알려 줬죠.

· 질문하고 대답하고 쓰기 ·

선생님 : "지원아, 그럼 선생님이 '본·들·한'이라는 생각 떠올리기 방법을 알려 줄게. 이건 본 것, 들은 것, 한 것으로 나눠서 생각해 보는 방법이야. 자, 그럼 한 번 연습해 보자. 먼저 지원이가 경주에 가서 본 것을 이야기해 볼까?"

지원 : "경주에서 본 건 정말 많죠. 석굴암도 가고 첨성대도 가고 천마총도 다녀왔어요. 아 참, 저녁에는 동궁과 월지라는 곳에 가서 연못도 봤어요."

선생님 : "그래? 정말 여러 곳에 다녀왔네? 지원이가 방금 말한 여러 곳 중에서 선생님한테도 보여 주고 싶은 곳이 있을까?"

지원 : "석굴암을 보여 드리고 싶어요. 책에서 봤던 것보다 훨씬 커서 놀랐거든요. 높이가 326m나 된다고 하더라고요. 그 시

대에 어떻게 그렇게 큰 불상을 산에다 옮겨 놓았는지 정말 신기했어요. 석굴암 안에서는 사진 촬영을 못한다고 해서 인터넷에서 사진을 찾아봤는데 선생님도 보실래요?"

선생님 : "그래. 이따가 보여 줄래? 그런데 불상 높이가 326m나 된다는 건 어떻게 알았어? 직접 재 본 건 아닐 테고."

지원 : "어떻게 아셨어요? 석굴암 해설 프로그램이 있어서 해설사님께 들은 거예요."

선생님 : "그렇구나, 그럼 높이 말고 다른 이야기도 들은 게 있을까?"

지원 : "석굴암 본존불이 동해 바다를 바라보고 있대요. 해가 뜨는 곳을 바라보면서 나라와 백성들이 잘 사는 것을 빌기 위해서 그렇게 만들었다는 거예요.

아 참, 실제로 해가 뜰 때 햇빛이 들어와 부처님 눈썹에서 반사된다고 하더라고요. 그래서 석굴암이 전체적으로 환하게 변한대요! 정말 신기하지 않아요? 제가 갔을 때는 오후 시간이라서 직접 보지는 못했지만 해설사님 설명을 들어서 더 재밌었던 것 같아요."

선생님 : "해설사님 설명을 잘 귀담아 들었나 보다. 선생님한테는 지원이가 해설사 같은데? 석굴암에서 다른 일은 없었어?"

지원 : "있어요! 아빠가 저한테 직접 표를 끊어 보라고 하셔서 제가 카드로 우리 가족들 입장권을 끊었어요. 입장한 뒤에는 석굴암까지 엄청 많이 걸어가야 해서 동생이랑 달리기 시합을 했어요."

선생님 : "지원이와 선생님이 지금까지 묻고 답한 게 '본·들·한'이라는 방법을 사용한 거야. 잘 생각해 봐. 선생님은 세 가지만

물어봤어. 지원이가 본 것, 들은 것, 한 것. 그런데 어때? 이 것만으로도 쓸거리가 정말 많지 않니?"

지원 : "선생님 말씀이 맞네요. 처음엔 무엇을 써야 할지 하나도 생각나지 않았는데 본 것, 들은 것, 한 것을 말하다 보니 쓰고 싶은 게 생겼어요. 어떻게 써야 할지도 알겠고요."

선생님 : "자, 그럼 선생님에게 말했던 걸 조금만 정리해서 글로 옮겨 볼까?"

어때요? '본·들·한'만 있다면 체험한 일을 쉽게 떠올릴 수 있겠죠? 제가 지원이와 주고받았던 것처럼 아이에게 본 것, 들은 것, 한 것이 무엇이었는지 물어봐 주세요. 처음에는 "생각이 안 나요."라고 말하던 아이도 하나둘 이야기를 하다 보면 더 많은 내용을 술술 꺼내게 됩니다. 신기한 건 이야기하면 할수록 꺼낼 게 늘어나는 역설적인 상황이 생긴다는 것입니다.

여기서 조금 더 욕심을 내자면 본 것, 들은 것, 한 것 다음에 아이가 느꼈던 감상, 즉 느낌에 대해 물어 보는 것도 좋습니다. 그러면 체험 했던 내용만 열거하는 게 아니라 그 순간 내가 느꼈던 마음속 감정까 지도 연결시킬 수 있게 되죠. 하고 싶은 말이 더 많아지는 겁니다.

하고 싶은 말이 많을수록 글은 더 풍부해진다는 사실, 다 아시죠? 기억하기도 쉽습니다. '본·들·한', 오늘 바로 적용해 보세요!

독후감 쓸 땐
세 가지만 기억하자

교실에서 아이들과 이야기를 나누다 보면 생각보다 훨씬 더 독후감 쓰는 걸 싫어한다는 사실을 알 수 있습니다. 독후감 때문에 책을 읽고 싶지 않다는 아이도 많고요.

그러고 보니 책 한 권 읽을 때마다 무조건 독후감 한 편씩 쓰기로 엄마랑 약속했다는 아이가 적지 않았습니다. 독후감을 열 편 쓸 때마다 원하는 선물을 하나씩 받는다고 자랑하는 아이도 있었고요. 독후감 쓰는 게 좋아서, 혹은 독후감을 쓰고 싶어서 쓰는 아이는 거의 없었습니다. 대부분 써야 하니까, 혹은 엄마가 쓰라고 해서 썼습니다.

·독후감 때문에 책을 읽기 싫다고?·

부모는 책을 읽고도 독후감을 안 쓰면서 아이에게는 중요하니까 독후감을 꼭 써야 한다고 말하는 상황이 참 아이러니합니다. 아이에게 좋은 거라면 부모에게도 좋은 것일 텐데 말이죠.

내가 하고 싶어 하는 게 아니라 누군가 시켜서 하는 일에 어떤 결과가 뒤따를까요? 일단 하긴 합니다. 대신 대충 하죠. 시늉만 내는 겁니다. 그렇게 해서는 내가 마음속에서 느꼈던 생각이나 느낌을 독후감 속에 담아내기 어렵습니다. 생각하는 게 아니라 독후감을 쓰는 게 목적이 되어 버렸으니까요.

이런 마음으로 독후감을 쓰면 당연히 잘 못 쓰게 됩니다. 무엇을 써야 할지보다 일단 채우는 것, 일단 써 내는 것이 중요하기 때문입니다. 그러니 아이가 독후감을 잘 못 쓰게 하고 싶다면 억지로 시키면 됩니다.

· 독후감 쓰기의 삼단 구조 '이내느' ·

독후감을 잘 쓴다는 건 정말 어려운 일입니다. 그 이유는 독후감을 일컫는 말인 '독서 감상문'이라는 단어를 살펴보면 알 수 있습니다.

독서 감상문이라는 단어는 '느낄 감(感)'과 '생각할 상(想)'이라는 한자어로 이루어져 있습니다. 느낌과 생각을 표현하는 데 하나의 정답이 있을 수는 없죠. 개개인의 느낌과 생각은 모두 다르니까요.

그래서 독후감을 어떻게 써야 하는지가 더 막연한 겁니다. 쓰면서도 이렇게 하는 게 맞는지를 끊임없이 고민하게 되죠. 초등학생만 그럴까요? 중학생, 고등학생, 심지어 독후감 리포트를 내야 하는 대학생도 똑같습니다. 오죽하면 대학생을 대상으로 한 독후감 대필 아르바이트가 있겠습니까?

그래서 독후감을 대할 때는 접근법을 달리해야 합니다. 잘 쓰려고 할 게 아니라 못 쓰지 않으려고 해야 합니다. 사실 아이들이 써 온 독후감은 대부분 못 쓴 것들입니다. 못 쓰지 않은 독후감의 주인이 되고 싶다면 '이내느' 세 글자만 기억하세요.

독후감 쓰기의 삼단 구조 '이내느'

□ 하나, 책을 읽게 된 이유
□ 둘, 책의 내용
□ 셋, 책을 읽은 뒤 느낌

처음에 이 세 가지 필수 요소만으로 글을 쓰려고 하면 막막할 수 있습니다. 그렇다면 각각의 부분에는 어떤 내용을 쓰는 게 좋을까요? 정해진 것은 없지만 참고할 만한 아이디어는 많습니다. 아이들이 자주 펼쳐 보며 참고할 수 있도록 질문 형식으로 만들어 봤습니다.

'이내느' 쓰기를 위한 질문

하나, 책을 읽게 된 이유	- 이 책을 왜 고르게 되었나요? - 이 책을 고르게 된 과정은 어떠했나요? - 이 책을 처음 봤을 때 어떤 기분이 들었나요? - 이 책으로 독후감을 쓰고 싶은 이유는 무엇인가요?
둘, 책의 내용	- 이 책의 전체적인 줄거리는 무엇인가요? - 이 책의 등장인물은 누구인가요? - 이 책을 다 읽은 다음 책장을 덮었는데도 생각해 낼 수 있는 내용이 있다면? - 이 책에서 기억에 남는 문장은 무엇인가요? - 이 책에서 기억에 남는 등장인물의 대사는 무엇인가요?

셋. 책을 읽은 뒤 느낌	- 이 책을 통해 새롭게 알게 된 내용은?
	- 이 책의 어떤 부분이 가장 재미있게 느껴졌나요?
	- 그런 느낌을 갖게 된 이유가 무엇인가요?
	- 이 책의 어떤 부분이 나의 생각과 달랐나요?
	- 이 책의 내용과 비슷한 나의 경험이 있다면?
	- 이 책에 대한 나의 의견은 무엇인가요?

독후감 쓰기의 삼단 구조 '이내느'를 효과적으로 이용하려면 본격적으로 독후감을 쓰기 전 '이내느'에 맞춰 개요를 잡아 보는 게 좋습니다. 설명하는 글, 주장하는 글을 쓸 때처럼 개요를 잡고 시작하면 훨씬 수월하게 글을 채워 갈 수 있으니까요. 개요 잡는 걸 힘들지 않게 해낼 즈음에는 독후감을 못 쓰고 싶어도 못 쓸 수 없는 경지에 오르게 될 것입니다.

관용 표현이나 속담으로
글을 시작하자

    체험에 대한 감상을 표현하는 글을 쓸 때 가장 고민되는 게 무엇이냐고 물으면 많은 아이가 이렇게 대답합니다. "어떻게 시작해야 할지 모르겠어요."

    "시작이 반이다."라는 말처럼 일단 시작하게 되면 죽이 되든 밥이 되든 뭐라도 쓸 수 있습니다. 그런데 시작하지 않으면 진도를 나갈 수 없죠. 작가들도 마찬가지입니다. 거장들도 첫 문장 쓰기의 어려움을 호소합니다.

    이럴 때 사용하면 좋은 방법이 하나 있습니다. 바로 관용 표현과 속담을 활용하는 것입니다. 관용 표현이나 속담으로 글을 시작하면 읽는 사람의 관심을 끌 수 있습니다. 또한 자신의 생각을 간단하면서 효과적으로 표현할 수도 있고요.

· 첫 문장은 관용 표현이나 속담을 이용하자 ·

관용 표현은 둘 이상의 낱말이 더해져 원래 단어의 의미와는 다른 뜻으로 사용되는 표현을 말합니다. 속담은 예로부터 전해진 조상들의 지혜가 담긴 표현이고요. 관용 표현과 속담의 예를 들어 보겠습니다.

관용 표현	속담
발이 넓다 입이 무겁다 간이 부었다 미역국 먹다	백지장도 맞들면 낫다 소 잃고 외양간 고친다 천리 길도 한 걸음부터 가는 말이 고와야 오는 말도 곱다

많이 들어 본 표현이죠? 그런데 의외로 많은 초등학생이 관용 표현과 속담을 잘 구분하지 못합니다. 속담을 써 놓고선 관용 표현이라고 말하는 경우도 많습니다. 관용 표현과 속담을 쉽게 구분할 수 있는 방법은 없을까요? 있습니다. 이것 하나만 알면 됩니다. "관용 표현은 원래 뜻과는 다른 새로운 뜻을 갖게 된 표현이다."

위에서 예로 든 '발이 넓다'의 원래 뜻은 진짜 발이 크고 넓다는 의미입니다. 그런데 이건 관용 표현이죠. '아는 사람이 많아 활동할 수 있는 범위가 넓다.'는 뜻을 포함하고 있으니까요. '입이 무겁다'도 마찬가지입니다. 실제 입의 무게를 얘기하는 게 아니라 '말수가 적고 비밀을 함부로 옮기지 않는다.'는 뜻입니다. 이처럼 관용 표현에는 원래 의미와 다른 의미가 담겨 있습니다. 이것 하나만 알면 관용 표현과 속담을 쉽게 구분할 수 있습니다.

· 관용 표현, 속담 사용 연습법 ·

관용 표현이나 속담을 사용해서 글의 문을 여는 것은 실제 작가들도 자주 사용하는 방법입니다. 곧바로 자신이 체험한 이야기를 하는 것보다 읽는 사람의 관심을 끌 수 있고 생각을 효과적으로 전달할 수 있기 때문입니다.

글의 첫머리에 관용 표현이나 속담을 사용하려면 내가 체험한 상황을 전반적으로 조망한 다음, 그것과 어울리는 관용 표현이나 속담을 떠올릴 수 있어야 합니다. 글쓰기에 서툰 아이들에게는 어려운 일이지만 초등학교 5학년 정도 되고 글쓰기에 흥미를 가진 아이라면 이런 활동을 좋아합니다. 실제로 6학년이 되면 국어 교과서를 통해 관용 표현과 속담을 배우기도 하고요.

Tip

속담이나 관용 표현을 잘 사용하려면

1. 체험한 일을 머릿속에 떠올려 본다.
2. 이 일과 관련된 관용 표현이나 속담을 떠올려 본다.
3-1. 관용 표현이나 속담이 떠오르지 않는다면 잘 알고 있는 사람(부모님이나 형제, 자매)에게 나의 상황을 설명하고 적절한 관용 표현이나 속담을 추천받는다.
3-2. 관용 표현이나 속담이 떠오르지 않는다면 〈나만의 관용 표현, 속담 사전〉을 참고한다.
4. 이 관용 표현, 속담을 사용할 수 있는 다른 상황을 떠올려 본다.
5. 관용 표현, 속담으로 첫 문장을 시작한다.

4학년 학생들과 국어 시간에 관용 표현과 속담을 활용하는 방법을 알려 주고 몇 번 연습했더니 조금 더 참신한 관용 표현과 속담을 떠올리려고 욕심을 냈습니다. 이 정도 수준에 도달하려면 자신이 체험한 내용에 어울리는 관용 표현을 찾는 연습을 반복적으로 해야 합니다. 이 연습에는 부모님이나 형제, 자매의 도움이 필요합니다. 관용 표현과 속담에 담긴 의미를 설명해 줘야 하니까요.

- 천 리 길도 한 걸음부터
- 돌다리도 두들겨 보고 건너라
- 아니 땐 굴뚝에 연기 날까
- 백지장도 맞들면 낫다
- 사공이 많으면 배가 산으로 간다
- 바늘 가는 데 실 간다
- 하나를 보면 열을 안다
- 소 잃고 외양간 고친다
- 티끌 모아 태산
- 우물을 파도 한 우물을 파야 한다
  - 초등학교 6학년 1학기 국어 5단원 '속담을 활용해요'에 나오는 속담

- 눈이 번쩍 뜨인다
- 손이 크다
- 손발이 잘 맞다
- 친구 사이가 금이 가다
- 간 떨어질 뻔했다
- 머리를 맞대다
- 발 벗고 나서다
- 눈이 동그래졌다
- 손꼽아 기다리다
- 눈 깜짝할 사이
- 간이 크다
- 머리를 굴리다
- 발이 넓다
- 꼬리가 길다
- 초등학교 6학년 2학기 국어 2단원 '관용 표현을 활용해요'에 나오는 관용 표현

· 나만의 속담 사전 만들기 ·

사실 초등학생 수준에 맞는 관용 표현이나 속담을 담은 책은 많습니다. 가장 좋은 건 책이나 자료를 구입하는 것보다 자기가 직접 만들어 보는 깃입니다. 100가지의 관용 표현이나 속담을 읽고 이해해도 실제 사용하는 건 10가지 남짓일 테니까요. 관용 표현과 속담을 사용하는 종착지는 나만의 관용 표현, 속담 사전을 만드는 것입니다.

나만의 관용 표현, 속담 사전 만들기 양식

나만의 사전 이름 :			
관용 표현 / 속담	차례	관용 표현 / 속담의 뜻	관용 표현 / 속담 활용하기

체험에 대한 감상을
표현하는 글쓰기 팁

　2005년 국가인권위원회는 초등학교 학생들의 일기장 검사에 인권 침해 소지가 있다는 권고를 내놓았습니다. 이 무렵부터 초등학교의 단골 방학 숙제이자 대표적인 주말 숙제였던 '일기 쓰기'가 자취를 감추게 되었습니다.

　교사들 사이에서는 "아이들의 인권을 침해하느니 일기 쓰기를 안 하는 게 마음 편하다."는 분위기가 확산되었죠. 개인적으로 아이들의 인권을 보호할 순 있겠지만 초등학생들의 일기 쓰기 습관마저 사라지게 된 것 같아 아쉬움이 많습니다.

　일기는 체험에 대한 감상을 표현하는 대표적인 글입니다. 겪은 일에 대한 나의 생각을 솔직하게 쓰는 것이니까요. 아이들은 일기를 쓰면서 자신의 경험을 되돌아볼 기회를 얻습니다. 그 과정에서 나의 내면을 들여다보게 되고요. 여러 가지 면에서 교육적 효과가 큰 글쓰기가 체험에 대한 감상을 표현하는 글쓰기입니다.

　초등학교 국어과 교육과정에서 제시하고 있는 체험에 대한 감상을 표현하는 글쓰기는 다음과 같습니다.

체험에 대한 감상을 표현하는 글쓰기와 관련된 학년별 성취 기준

[2국03-04] 인상 깊었던 일이나 겪은 일에 대한 생각이나 느낌을 쓴다.

[4국03-02] 시간의 흐름에 따라 사건이나 행동이 드러나게 글을 쓴다.

[6국03-05] 체험한 일에 대한 감상이 드러나게 글을 쓴다.

체험에 대한 감상을 표현하는 글쓰기와 관련된 학년별 국어 교과서 단원

5학년 2학기 2단원 지식이나 경험을 활용해요

5학년 2학기 4단원 겪은 일을 써요

6학년 2학기 8단원 작품으로 경험하기

하루 한 장씩 글을 쓴다고 했을 때 가장 부담이 없는 글쓰기가 바로 체험에 대한 감상을 표현하는 글입니다. 어제나 지난 주말에 있었던 일 같은 소재는 어렵지 않게 글로 풀어낼 수 있죠. 그런데 막상 국어 시간에 "지난 주말에 있었던 일을 써 볼까?"라고 말하면 열 명 중 세 명은 이렇게 말합니다. "생각이 안 나요."

그럴 땐 당황하지 말고 지난 주말에 있었던 일 가운데 하나를 먼저 이야기해 보세요. 아이를 대신해서 생각의 물꼬를 터 주는 것이죠. 그러면 아이는 이렇게 대답할 겁니다. "아! 맞다. 거기 갔었지.", "생각났다! 그거 먹었잖아." 그리고 나서 그날 있었던 일에 대해 충분히 이야기 나누는 겁니다. 글을 쓰기 전에 이야기를 많이 나누면 나눌수록 글은 풍성해집니다.

아이에게 무작정 쓰라고만 할 것이 아니라 이야기를 넉넉히 나눈 뒤 글쓰기를 하도록 해 보세요. 풍부한 대화는 글을 잘 쓸 수 있는 특급 비법입니다.

· 체험에 대한 감상을 표현하는 글쓰기 질문 ·

1	지난 주말에 있었던 일 중에서 가장 인상 깊었던 것은 어떤 일인가요?
2	어제 있었던 일 중에서 가장 인상 깊었던 것은 어떤 일인가요?
3	가장 기억에 남는 가족 여행에 대해 글을 써 본다면?
4	내가 가 본 최고의 캠핑장은 어떤 곳이었나요?
5	가족들과 바닷가에 다녀온 경험에 대한 감상을 표현하는 글을 써 볼까요?
6	그동안 캠핑장에서 먹은 음식 중에 최고로 맛있었던 음식과 그 이유는?
7	박물관/미술관에 다녀온 경험에 대한 감상을 표현하는 글을 써 볼까요?
8	우리 가족이 가장 좋아하는 외식 장소와 그곳에서 가장 맛있는 것은?
9	할머니/할아버지 댁에 다녀온 경험에 대한 감상을 표현하는 글을 써 볼까요?
10	학교에서 가 본 체험학습 장소 중에서 가장 기억에 남는 곳은?
11	우리 가족이 마트에서 자주 가는 곳과 그곳에서 느낄 수 있는 기분은?
12	내가 읽은 동화책 중에서 가장 인상 깊은 책은 어떤 것인가요?
13	내가 극장에서 본 영화 중에서 가장 인상 깊은 영화는 어떤 것인가요?
14	가족들과 함께 다녀온 갯벌 체험에 대한 감상을 표현하는 글을 써 볼까요?
15	수영장이나 워터파크에 다녀온 경험에 대한 감상을 표현하는 글을 써 볼까요?
16	놀이공원/테마파크에 다녀온 경험에 대한 감상을 표현하는 글을 써 볼까요?
17	친구들과 먹은 최고의 편의점 음식은 무엇인가요?
18	우리 반에서 1학기 동안 있었던 일 중에서 가장 인상 깊은 것은 어떤 일인가요?
19	내 몸이 가장 아팠을 때는 언제였나요? 그때 어떤 마음이 들었나요?
20	산에 다녀온 적이 있나요? 그때 어떤 향기를 맡았나요? 어떤 기분을 느꼈나요?

5장

마음을 표현하는 글쓰기

감정 어휘를 사용해
내 마음을 나타내자

　대부분의 초등학생은 자기가 어떤 감정을 느끼는지 잘 모를 때가 많습니다. 자기가 느끼는 감정을 어떤 단어로 표현해야 할지 모른다고 하는 게 정확한 표현이겠네요.

　싫은 게 있으면 아이들은 "싫다."고 말합니다. 그런데 어른은 싫은 감정도 어떻게 싫은지에 따라 다르게 말할 수 있지요. 미워서인지, 얄미워서인지, 지긋지긋해서인지, 질투심이 생겨서인지 알기 때문입니다. 그래서 단순히 "싫어!"라고 말하지 않고 "얄미워!", "거슬려!", "불편해!" 같은 단어를 이용해 자신의 감정을 표현합니다. 감정을 나타내는 다양한 어휘를 알고 있기 때문이죠.

　이처럼 감정에 대한 어휘를 얼마만큼 알고 있느냐가 마음을 표현하는 글을 쓰는 데 중요한 역할을 합니다. 알고 있는 감정 어휘가 부족하다면 '기뻤다, 슬펐다, 좋았다, 나빴다'처럼 단순하게 표현할 수밖에 없죠. 어휘가 풍부해질수록 아이들의 글쓰기 실력은 자연스럽게 올라갑니다.

· 감정 어휘를 알면 마음 표현이 쉬워진다 ·

초등학교 4학년 2학기 국어 교사용 지도서에는 4학년 아이들이 이해할 수 있는 감정 어휘로 다음과 같은 형용사를 제시하고 있습니다. '좋다/싫다/기쁘다/슬프다/부끄럽다/화나다/무섭다/놀라다.'

물론 4학년이 되기까지 읽고 쓰면서 얻게 된 배경지식에 따라 감정 어휘의 폭은 더 넓거나 좁을 수 있습니다. 예를 들어 유나는 평소 독서 습관이 몸에 배어 있어 그런지 알고 있는 감정 어휘가 정말 많았습니다. '쑥스럽다, 만족스럽다, 근사하다, 거북하다, 겸연쩍다, 애지중지하다' 같은 단어를 자유롭게 쓸 수 있었죠. 심지어 비위에 거슬리거나 마음이 언짢아서 성이 난다는 뜻을 가진 '골나다'라는 단어도 적절하게 구사했습니다.

다양한 어휘를 사용한 글은 읽는 사람에게 글 읽는 맛을 느끼게 해 줍니다.

☑ '내가 좋아하는 인형'
☑ '내가 애지중지하는 인형'

'내가 좋아하는 인형'과 '내가 애지중지하는 인형'은 둘 다 좋아한다는 표현입니다. 하지만 '애지중지하는' 것은 단순히 '좋아하는' 것과 매우 다르죠. 훨씬 소중하게 여긴다는 것이 느껴집니다. 풍부한 어휘력을 가진 유나의 글을 읽을 때면 바로 옆에서 직접 이야기를 듣는 것 같은 기분이 들었습니다. 한마디로 맛있는 글이었죠.

어느 날 유나에게 물어 봤습니다. "유나야, 너는 어떻게 이렇게 아는 단어가 많아?" 그러자 유나는 이렇게 대답했습니다.

"어렸을 때부터 책 읽는 걸 좋아해서 그런 것 같아요. 또 집에서 엄마랑 같이 활동한 게 도움이 되었어요. 책을 읽다가 모르는 단어가 나오거나 새로 알게 된 단어가 있으면 포스트잇에 적어서 화이트보드에 붙여 두고 지나갈 때마다 자주 봤어요. 처음에는 그 단어들이 무슨 뜻인지 잘 몰랐는데 시간이 지나니까 아는 게 훨씬 많아졌어요. 무슨 뜻인지 확실히 알게 되면 뜯어 버리고 다른 단어를 다시 붙였고요. 그래서 많은 단어를 알게 된 것 같아요."

마음을 표현하는 글을 잘 쓰기 위해서는 유나처럼 마음을 나타내는 감정 어휘를 많이 알고 잘 활용하는 게 좋습니다. 『글쓰기 바이블』의 저자인 강원국 작가도 좋은 글과 그렇지 않은 글의 차이를 어휘로 꼽았죠. 같은 문장을 쓰더라도 어떤 어휘를 사용하느냐에 따라 미묘한 마음이 잘 드러나기도, 드러나지 않기도 합니다. 그렇다면 어떻게 하면 감정 어휘를 잘 사용할 수 있는 능력을 가질 수 있을까요?

· 감정 어휘의 고수 되는 두 가지 방법 ·

20세기를 대표하는 철학자 중 한 사람인 루드비히 비트겐슈타인은 이런 말을 남겼습니다. "언어의 한계는 세계의 한계다." 저는 이 말을 이렇게 바꿔 보고 싶습니다. "마음을 표현하는 글의 한계는 감정 어휘의 한계다."

그만큼 감정 어휘가 중요합니다. 그런데 어휘력을 늘리는 건 쉬운

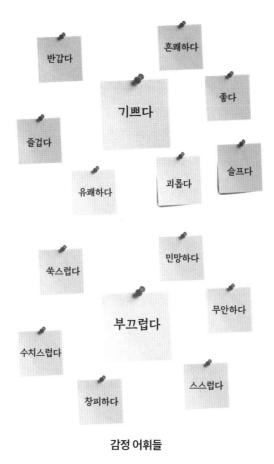

감정 어휘들

일이 아닙니다. 특히 마음 또는 정서를 나타내는 감정 어휘만 콕 집어서 늘리는 건 불가능에 가깝죠. 하지만 방법이 전혀 없는 건 아닙니다. 제가 제안하고 싶은 방법은 두 가지입니다.

하나, 감정 어휘 벽에 붙이기

눈에 보이지 않으면 마음에서도 멀어집니다. 눈에 잘 보이면 마음에서도 가까워집니다. 감정 어휘와 가까워질 수 있는 가장 간편한 방법은 눈에 잘 보이는 곳에 감정 어휘들을 붙여 놓는 것입니다. 앞에서 이야기한 유나네처럼 말이죠.

보기 좋게 붙여 둘 필요는 없습니다. 생각이 나거나 필요할 때마다 포스트잇에 네임펜으로 적어 벽이나 냉장고, 서랍에 붙여 보세요. 그리고 의식적으로 외우려 하지 말고 수시로 집 안을 놀아다니면서 감정 어휘들을 들여다보거나 생각해 보면 됩니다.

유용한 팁을 한 가지 더 알려 드리죠. 하나의 감정 어휘를 벽에 붙였다면 주변에 그 단어와 관련된 유의어나 반의어를 함께 붙여 두는 것입니다. 이 방법을 사용하면 감정 어휘들을 연결시켜 이해할 수 있습니다. 꼬리에 꼬리를 물고 이어지는 단어들을 떠올릴 수 있게 되죠.

둘, 벽에 붙어 있는 감정 어휘로 짧은 글짓기 놀이하기

외우고 싶다고 해서 다 외워진다면 누군들 어휘력이 높지 않을까요? 외우려고 해도 잘 외워지지 않기 때문에 벽에 붙여 놓고 자주 봐야 하는 것입니다. 한 발 더 나아가 이 어휘들을 이용해 수시로 짧은 글을 지어 본다면 어떻게 될까요? 외우고 싶지 않아도 자연스럽게 머릿속에 각인됩니다. 달달달 외우는 게 아니라 맥락 속에서 감정 어휘를 사용하게 되니까 더 잘 기억할 수 있습니다.

마음을 전하는 글쓰기

감정 어휘를 다양하게 사용하면 훨씬 더 풍부한 느낌을 주는 글이 됩니다. 하지만 '기쁘다, 부끄럽다, 고맙다, 슬프다' 같은 어휘가 사용되었다고 해서 좋은 글이 되는 건 아닙니다. 무엇보다 내가 전달하고자 하는 마음이 잘 담겨 있어야만 읽는 사람에게 그 마음이 전달될 테니까요. 그럴 때 사용하면 좋은 글쓰기 비법이 구체적인 사례를 이야기하는 것입니다.

· 구체적으로 표현해야 마음이 전해진다 ·

모든 글이 그렇지만 마음을 표현하는 글쓰기에도 독자가 존재합니다. 그렇기 때문에 초등학교에서 배우는 대부분의 글이 편지글 형식을 띠게 되는 것이죠. 예를 들어 볼까요?

친구에게 받은 도움에 대한 고마움을 표현하기 위해 다음과 같은 감사 메모를 적었습니다. "지난번에 도와줘서 고마웠어." 이 문장을 읽은 사람은 어떤 생각을 할까요? 먼저 누가 고맙다고 했는지 궁금할 것 같습니다. 그다음엔 지난번이 언제인지, 그리고 어떤 일로 도와줬는지도 알고 싶을 것 같고요.

결국 "지난번에 도와줘서 고마웠어."와 같은 글을 쓰게 되면 나는 분명히 마음을 전했지만 내 마음을 받은 사람은 누구인지 알 수 없는 아이러니한 상황이 되고 맙니다. 주었지만 받은 사람이 없게 되는 것이죠. 그 사람에게 제대로 도착하지 못했으니까요.

마음을 표현하는 글에는 어떤 일 때문에 내가 이런 마음이 들었는지에 대한 이야기가 구체적으로 들어가야 합니다. 그래야만 읽는 사람이 내가 표현한 마음을 잘 받아들일 수 있습니다. 다음 두 가지 글을 비교해 봅시다.

안녕! 고은아, 잘 지냈지?

나도 잘 지내고 있어. 방학 동안 얼굴을 잘 못 보게 되어 어떻게 지내는지 궁금하다. 나중에 만나면 방학 동안 있었던 일 이야기해 줘.

내가 편지를 쓴 이유는 1학기 때 나를 많이 도와줘서 고맙다는 이야기를 하고 싶어서야. 내가 전학 온 지 두 번째 날이었나? 아무튼 새로 전학 와서 어울릴 친구가 없을 때 고은이 네가 함께 보드 게임 하자고 말해 줘서 나는 정말 기뻤어. 사실 나도 같이 하자고 말하고 싶었는데 용기가 없어서 말 못 하고 있었거든. 그런데 네가 먼저 와서 말해 주니 나도 용기가 생겼던 것 같아. 고은이 너 덕분에 영화, 수지, 미연이랑도 친해 지게 된 것 같아 정말 고맙게 생각해.

그리고 내가 준비물을 준비해 오지 못할 때마다 언제나 함께 쓰자고 먼저 말해 줘서 고마워. 지난번 미래 도시 그리는 미술 시간에 색연필만 가져

오고 크레파스 못 가져왔을 때 어떻게 해야 할지 무척 고민했었거든. 그런데 그때 고은이 네가 함께 쓰자면서 내 옆으로 왔을 때 정말 기분이 좋아서 그림이 더 잘 그려졌던 것 같아. 나도 앞으로 다른 친구가 준비물이 없어서 어려운 상황이 되면 먼저 도움을 주는 친구가 되고 싶어. 고은이 너처럼 말이야.

올해 고은이 너와 친해 지게 돼서 정말 기뻐. 그리고 고마워. 2학기 때도 1학기 때처럼 친하게 지내자. 2학기 때에는 고은이 네가 고마움을 느낄 수 있도록 나도 많이 배려할게. 남은 방학 잘 보내고, 개학 날 다시 만나자!

안녕! 고은아, 잘 지냈지?

나도 잘 지내고 있어. 방학 동안 얼굴을 잘 못 보게 되어 어떻게 지내는지 궁금하다. 나중에 만나면 방학 동안 있었던 일 이야기해 줘.

내가 편지를 쓴 이유는 1학기 때 나를 많이 도와줘서 고맙다는 이야기를 하고 싶어서야. 내가 어려울 때마다 먼저 도와줘서 정말 고마워.

2학기에도 지금처럼 친하게 지내자. 남은 방학 잘 보내고, 개학 날 다시 만나자!

· 구체적인 사례를 쓰자 ·

어떤가요? 똑같이 고마운 마음을 표현하는 글이지만 전혀 다른 글처럼 느껴지지요? 단순히 많이 쓰고 적게 쓰고의 차이가 아닙니다. 얼마나 구체적으로 표현했느냐의 차이죠.

러시아의 소설가이자 극작가인 안톤 체호프는 다음과 같은 말을 남겼습니다. "달이 빛난다고 말해 주지 말고, 깨진 유리 조각 위에서 반짝이는 한 줄기 빛을 보여 줘라."

마음을 표현하는 글을 잘 쓰기 위해서는 어떻게 해서 그 감정을 느끼게 되었는지를 보여 주면 됩니다. 고맙다는 말보나 고마움을 느꼈던 구체적인 사례를 보여 주는 것, 미안하다는 말보다 미안함을 느꼈던 구체적인 사례를 보여 주는 것. 이게 바로 글을 통해 마음을 전할 수 있는 방법입니다.

그런데 막상 구체적인 사례를 쓰려고 하면 뭘 써야 할지 생각나지 않는다는 아이가 많습니다. 그럴 땐 다음과 같이 해 보는 게 어떻겠냐고 옆구리를 슬쩍 찔러 주세요.

마음을 전하는 글쓰기, 이렇게 하자

☐ 이 글을 읽는 사람과 어떤 일이 있었는지 쓰자.
☐ 그 일에 대한 나의 생각이나 느낌이 어땠는지 쓰자.
☐ 이 글을 읽는 사람이 어떤 기분을 느꼈을지에 대한 내 생각을 쓰자.
☐ 이번 일을 통해 앞으로 어떻게 말하고 행동할 것인지 쓰자.

화내고 싶은 날엔
글로 화를 내자

"선생님, 우리 ○○가 평소에는 안 그런데 화만 나면 갑자기 소리를 지르거나 씩씩거려요. 혹시 학교에서도 그런가요?"

학교를 찾아오는 부모님들이 이런 질문을 자주 합니다. 내 아이가 분노 조절 장애를 갖고 있는 건 아닌지 묻는 것이지요. 몇 년 전과 비교해 보면 확실히 서너 배는 많아진 것 같습니다.

솔직히 말해 아이들이 집에서 하는 행동은 학교에서도 그대로 나타난다고 할 수 있습니다. 심지어 집에서 하지 않는 행동을 학교에서 하는 경우도 많습니다. 부모님 눈치 보느라 억누르고 있던 것을 학교에서 표출해 버리는 것이죠.

· 분노를 표출하는 아이들 ·

해가 갈수록 마음대로 분노를 표출하는 아이들이 늘고 있습니다. 한 반에 서너 명은 꼭 있죠. 학년이 올라가도 상황은 비슷합니다.

거친 행동의 모습도 다양합니다. 화가 난다고 학용품을 집어던져 버리는 아이. 별일도 아닌데 기분 나쁘다며 친구를 때리는 아이. 화를 주체하지 못하고 씩씩거리며 소리를 지르는 아이. 평소에는 조용하다가 갑자기 스스로에게 거친 욕을 하는 아이.

이런 아이들을 보고 있으면 혹시 자기 아이가 분노 조절 장애인지 물어보는 부모님의 마음을 이해하게 됩니다.

아이들은 분노를 어떻게 표출할까요? 관찰을 통해 다음과 같은 특징을 알게 되었습니다.

□ 종원이는 친구들이 자기와 안 놀아 준다는 느낌을 받으면 친구를 때렸습니다.
□ 민규는 수학 문제가 안 풀릴 때면 두 손으로 책상을 내리쳤습니다.
□ 재현이는 친구들이 자기 이야기를 안 들어 주면 갑자기 욕설을 내뱉었습니다.
□ 규식이는 생각대로 일이 풀리지 않으면 물건을 집어던졌습니다.
□ 원호는 자기가 잘못했다고 생각되는 일이 있을 때 스스로 뺨을 때렸습니다.
□ 성우는 화가 나면 얼굴 전체가 빨개지면서 호흡이 어려울 정도로 씩씩거렸습니다.
□ 유이는 생각대로 안 되면 엉엉 울었습니다.
□ 현진이는 화가 나면 큰 소리를 지르며 교실을 뛰어다녔습니다.

처음 이런 행동을 봤을 때는 '알파 세대 중에 분노 조절 장애 아이들이 많다던데 우리 반 ○○도 그런가?'라고 생각했습니다. 너무 심할 정도로 화를 제어하지 못하는 모습을 보였으니까요.

그런데 이런 행동을 하는 아이들 한 명 한 명과 이야기를 나누다가 두 가지 사실을 알게 되었습니다. 하나는 아이들이 폭력적인 방법으로 분노를 표출하게 된 데에는 모두 이유가 있다는 것입니다. 어른의 눈으로 봤을 때는 '갑자기'라고 생각되는 일도 아이에겐 나름의 이유가 있었습니다. 다른 하나는 의외로 많은 아이가 화를 푸는 방법, 자기 마음을 다스리는 방법을 모른다는 것입니다. 몹시 화가 났는데 어떻게 해소해야 할지 몰라서 그냥 내키는 대로 표현해 버리는 경우가 생각보다 많았습니다.

자, 그럼 아이들이 분노를 제대로 표현하지 못하는 원인을 알았으니 해결책도 찾아봐야죠. 저는 마음을 표현하는 글쓰기가 바로 그 해법이라고 생각합니다. 감정 조절과 더불어 글쓰기 실력도 높일 수 있는 일거양득의 방법이죠!

· 글을 쓰다 보면 마음이 풀린다 ·

힐링 요가, 힐링 여행, 힐링 데이트, 힐링 영화 같은 말 들어 보셨나요? 힐링(healing)은 사람의 정신적·신체적 상태가 회복되는 것을 말합니다. '치유'라고도 하죠.

힐링 글쓰기는 글을 통해 나의 마음을 위로하고 치유하는 것을 말합니다. 실제로 심리 치료의 방법으로 많이 활용됩니다. 힐링 글쓰기에 대해 더 알아보고 싶다면 셰퍼드 코미나스의 『나를 위로하는 글쓰기』나 루이즈 디살보의 『치유의 글쓰기』를 읽어 보길 권합니다.

힐링 글쓰기라는 개념을 처음 접했을 때는 긴가민가했습니다. 화가 나 죽을 것 같은데 글을 쓰라고 하는 게 말이 안 된다고 생각했거든요. 그래서 아이들에게 힐링 글쓰기를 시키는 게 내키지 않았습니다. 그래서 제가 먼저 해 봤죠.

당시 저는 몇 달간 풀리지 않는 문제 때문에 스트레스를 받고 있는 상태였습니다. 노트를 펴고 지금 나의 마음이 어떤지, 이런 마음을 느끼는 이유는 무엇인지, 어떻게 하면 이 마음을 풀 수 있을지, 지금 느끼는 감정이 계속된다면 어떨지 등을 생각나는 대로 쭉 적어 내려갔습니다.

처음에는 힐링 글쓰기가 과연 효과가 있을까 싶었는데 글을 써 내려가는 동안 이런 생각이 들었습니다. '생각해 보니 별일 아닌 것 같은데, 난 왜 그렇게 기분이 나빴을까?', '이 일에 이렇게 에너지를 쏟느니 다른 생각을 하고 다른 일을 하는 게 더 좋지 않을까?'

글의 마지막 부분을 쓸 때쯤에는 거짓말처럼 처음 느꼈던 분노의 감정이 사라지고 없는 것 같은 기분이 들었습니다. 그날 이후 저는 힐링 글쓰기의 신봉자가 되었죠. 아이들에게도 이 방법을 적극적으로 추천하고 있습니다.

다음은 우리 반 학생이 쓴 힐링 글쓰기입니다.

나는 지금 너무 화가 난다.
왜냐하면 모둠 활동을 하는데 윤아가 좋은 것만 먼저 한다고 떼를 썼기 때문이다.
지난주에 만들기를 할 때도 자기가 만들고 싶은 걸 만든다고 해 놓고선 오늘도 또 그랬다.

윤아랑 같은 모둠에 있고 싶지 않다.

같이 있으면 재밌긴 한데 맨날 내가 윤아에게 맞춰 줘야 한다.

모둠에 있는 다른 남자애들은 별다른 생각도 없이 장난만 친다.

함께 열심히 하고 싶은데 내 생각처럼 되지 않아 너무 화난다.

어떻게 하면 화를 풀 수 있을까? 우선 나 혼자 하고 싶다고 말해야겠다.

화난 마음을 글로 표현하다 보면 내가 지금 느끼고 있는 감정을 객관화시켜 바라볼 수 있습니다. 그리고 순간적으로 화를 표출해 버리는 게 아니라 어떻게 하면 화를 풀 수 있을지 고민해 볼 여유가 생기죠. 글을 쓰면서 마음이 풀린다고 할까요?

은영이는 이 글을 쓴 다음 저에게 이렇게 말했습니다. "선생님, 이제는 화가 별로 안 나요. 처음에는 몹시 화가 났는데 생각해 보니 별일 아닌 것 같아요."

내가 느끼는 감정을 솔직하게 글로 풀어 나가다 보면 나도 모르는 사이에 화가 풀립니다. 글로 화내는 방법, 어렵지 않죠? 마음을 표현하는 글쓰기는 이렇듯 아이들의 삶에서 자연스럽게 느끼는 감정들을 풀어내면 됩니다.

잘 쓴 글을 옮겨 적어 보자

　『엄마를 부탁해』를 쓴 신경숙 작가는 조세희 작가의 『난장이가 쏘아 올린 작은 공』을 열 번이나 필사했다고 합니다. "죽는 날까지 하늘을 우러러 한 점 부끄럼이 없기를"의 주인공 윤동주 시인은 동경 유학 시절 내내 백석 시인의 시집을 필사했고요.

　『노인과 바다』를 쓴 어니스트 헤밍웨이도 하루에 연필 여덟 자루가 없어질 만큼 필사를 즐긴 것으로 유명합니다. 더불어 "지금 당장 필사하라!"는 명언을 남겼죠.

　이처럼 세계적인 작가도 선배 작가의 작품을 필사하며 자신의 실력을 키워 갔습니다. 작가들의 훌륭한 글솜씨는 타고난 게 아니라 필사와 같은 훈련을 통해 시나브로 향상된 것 아닐까요? 여하튼 필사는 저명한 문인들도 인정한 글 읽기, 글쓰기 방법입니다.

· 필사의 네 가지 장점 ·

하나, 뇌를 활성화시킨다

손과 손가락을 사용하는 작은 운동을 소근육 운동이라고 합니다. 필사를 하면 소근육 운동이 될 수밖에 없죠. 글자를 베껴 쓰기 위해서는 눈과 손의 협응, 손가락의 민첩성과 힘이 필요하니까요.

미국 인디애나주립대 카린 할만 제임스 교수는 소근육 운동이 인지 발달에 매우 중요하다는 연구 결과를 발표했습니다. 연구에 참여한 두 집단 중 한 집단은 필사를 했고, 다른 집단은 보고 읽기를 했습니다. 4주의 시간이 흐른 뒤 fMRI(Functional magnetic resonance imaging, 기능적 자기 공명 영상)를 이용해 뇌신경 세포를 관찰해 보니 필사 그룹의 뇌가 훨씬 활성화되어 있었습니다. 손과 손가락을 사용하는 소근육 운동이 뇌를 활성화시킨 것이었습니다.

손과 손가락을 움직이는 활동은 뇌세포를 깨어나게 만든다고 합니다. 어릴 때 피아노나 바이올린같이 손가락을 사용하는 악기를 배우면 똑똑해진다는 말을 들었는데, 이게 다 근거가 있는 이야기였네요.

둘, 기억을 도와 준다

실제로 아이들에게 필사를 시켜 보면 다음과 같은 과정을 거치게 됩니다. '눈으로 문장을 확인한다. → 입으로 한 번 말한다. → 입 속에 있던 글을 노트에 옮겨 적는다. → 생각이 안 나면 다시 읽어 보면서 옮겨 적는다.' 이처럼 하나의 문장을 서너 번 곱씹게 만드는 것이 필사입니다. 눈, 손, 입, 귀와 같은 다양한 감각기관을 이용해서 문장을 익히게 되므로 필사한 내용을 더 오래 기억할 수 있습니다.

셋, 어휘력을 키워 준다

한 권의 책을 옮겨 적다 보면 자연스럽게 새로운 단어를 접하게 됩니다. "'시나브로'는 무슨 말이지?", "'대접하다'는 무슨 뜻이지?"와 같이 다양한 단어를 접함으로써 어휘력이 향상됩니다.

이렇게 투입된 단어는 말하거나 글을 쓸 때 자연스레 밖으로 나오게 되죠. 표현력이 풍부해지는 것입니다. 다양한 어휘가 풍부하게 들어 있는 책을 필사하게 되면 그 어휘가 내 것이 됩니다.

넷, 집중력을 길러 준다

미국 워싱턴대학 버지니아 버닝거 교수팀의 연구 결과에 따르면, 직접 손으로 종이에 글자를 적는 필사가 학생들의 집중력을 높여 준다고 합니다. 이는 실제로 필사를 해 보면 쉽게 공감할 수 있습니다.

사각사각 연필 소리를 들으며 글을 베껴 적으면 마음이 차분히 가라앉습니다. 혹시 단어를 잘못 옮겨 적거나 이미 적었던 문장을 다시 적지 않기 위해 마음을 가다듬고 집중하게 됩니다. 한 글자 한 글자 옮겨 적는 일은 집중력을 길러 주는 데 효과적입니다.

· 초등학생에게 추천하는 필사 도서 ·

필사가 글 읽기, 글쓰기 실력을 높여 준다고 해서 아무 책이나 베껴 쓸 수는 없겠죠? 초등학교 1학년 학생들에게 조정래 작가의 『태백산맥』을 옮겨 적으라고 할 수는 없으니까요. 그렇다면 초등학생에게 유익한 베껴 쓰기 책에는 어떤 것이 있을까요? 다음에 세 권의 필사 도서를 소개합니다.

『초등학생을 위한 윤동주를 쓰다』

윤동주는 우리나라 사람이 가장 사랑하는 시인 중 한 명입니다. 윤동주 시인 탄생 100주년을 기념해 출간된『초등학생을 위한 윤동주를 쓰다』는 초등학생의 수준에 딱 맞게 쓰인 베껴 쓰기 책입니다.

대표작인「서시」,「별 헤는 밤」,「자화상」같은 주옥같은 시들이 수록된 것은 물론이고,「겨울」,「버선본」,「햇빛·바람」같은 서른두 편의 동시가 포함되어 있어 인상적입니다. 무엇보다 '시'라는 문학 장르의 아름다움을 접할 수 있다는 것이 이 책의 장점입니다.

또한 성인용『윤동주를 쓰다』도 있어 부모와 아이가 함께 종이의 감촉을 느끼며 윤동주 시인의 시를 옮겨 적으며 읽을 수 있습니다. 같은 시를 읽고 아이와 함께 이야기를 나누는 경험, 이것이야말로 어디에서도 살 수 없는 경험 아닐까요?

『필사의 힘 : 생텍쥐페리처럼, 어린왕자 따라 쓰기』

'월드 클래식 라이팅 북' 시리즈 중 한 권입니다. 익히 알려진「어린왕자」,「노인과 바다」,「데미안」,「이방인」,「이상한 나라의 앨리스」같은 세계 고전 문학들을 베껴 써 보는 것이죠.

왼쪽에는 소설이 있고 바로 오른편에 직접 옮겨 쓸 수 있도록 공백을 배치해 놓은 짜임이 인상적입니다. 문장뿐만 아니라 삽화도 따라 그려 볼 수 있죠. 그림 그리기를 좋아하는 초등학생의 취향을 제대로 저격했다고 볼 수 있습니다. 양장본으로 만들어져 오래 두고 필사하기에 안성맞춤입니다.

다양한 책들 중에서 생텍쥐페리의 「어린왕자」는 교과서에도 수록된 적이 있고 초등학생을 위한 세계 명작 시리즈에 빠지지 않고 등장할 정도로 익숙한 작품입니다. 생소한 글보다 익숙한 글이 필사에 대한 거부감을 줄여 줄 수 있겠죠?

『기적의 명문장 따라 쓰기』

이 책 역시 시리즈물로 출간된 책입니다. 초등학교 1학년을 위한 선조들의 재치와 문화가 담긴 속담·고사성어 따라 쓰기, 2학년 이상을 위한 조선시대 최고의 인성 교재인 『명심보감』 따라 쓰기, 3학년 이상을 위한 동양 최고의 고전인 『논어』 따라 쓰기가 있죠.

선인의 지혜가 압축되어 있는 동양 고전을 따라 써 보는 경험은 아이들의 생각하는 힘을 키우는 데 많은 도움을 줍니다. 인성교육 측면에서도 효과적이고요.

이 시리즈물의 또 다른 장점은 초등학생이 이해하기 쉽게 구성되었다는 것입니다. 초등학생 수준의 설명과 함께 흥미를 느끼게 해 주는 삽화들이 포함되어 있죠. 한마디로 어린이 눈높이에 맞춘 책입니다. 좋은 문장과 함께 한자, 한자의 음훈, 한자를 활용한 어휘도 익힐 수 있어 좋습니다.

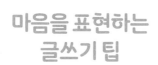

마음을 표현하는
글쓰기 팁

하루 한 장 글쓰기를 할 때 아이들이 가장 좋아하는 글은 마음을 표현하는 글입니다. 일단 내 글을 읽어 줄 독자가 분명하기 때문이죠. 읽어 줄 사람이 존재한다는 사실만으로 더 열심히 쓰고 싶은 동기가 만들어집니다.

사실 마음을 말로 표현하는 건 굉장히 쑥스러운 일입니다. 특히 표현하고자 하는 마음이 진심이라면 더 말하기 어렵죠. 그런 점에서 글이라는 수단을 이용해 마음을 표현하는 건 적절한 방법이라고 할 수 있습니다. 나중에 성인이 되어 연애 편지를 쓰거나 감사, 사과하는 마음을 담아 편지를 써야 할 때도 유용하게 사용할 수 있는 게 마음을 표현하는 글쓰기입니다.

초등학교 국어과 교육과정에서 제시하고 있는 마음을 표현하는 글쓰기는 다음과 같습니다.

마음을 표현하는 글쓰기와 관련된 학년별 성취 기준

[4국03-04] 읽는 이를 고려하며 자신의 마음을 표현하는 글을 쓴다.

[6국03-06] 독자를 존중하고 배려하며 글을 쓰는 태도를 지닌다.

마음을 표현하는 글쓰기와 관련된 학년별 국어 교과서 단원

3학년 1학기 4단원 내 마음을 편지에 담아

4학년 2학기 2단원 마음을 전하는 글을 써요

6학년 1학기 8단원 인물의 삶을 찾아서

6학년 1학기 9단원 마음을 나누는 글을 써요

6학년 2학기 4단원 효과적으로 발표해요

마음을 표현하는 글에는 읽는 이, 즉 독자가 존재합니다. 그러므로 하루 한 장 글쓰기를 통해 마음을 표현하는 글을 쓸 때는 편지지에 쓰는 게 조금 더 현실감이 느껴져 좋습니다.

이렇게 완성된 글을 나만 읽고 혼자서 보관해서는 안 됩니다. 내가 표현한 마음을 알아줄 상대방에게 전달하고 피드백 받는 게 필요하죠. 이 과정에서 아이들은 글을 통해 타인과 의사소통합니다. 국어과 교과 역량인 공동체·대인 관계 역량을 기를 수 있는 글쓰기가 마음을 표현하는 글쓰기입니다.

· 마음을 표현하는 글쓰기 질문 ·

1	감사하는 마음을 담아 부모님에게 편지를 쓴다면?
2	감사하는 마음을 담아 선생님에게 편지를 쓴다면?
3	부모님한테 혼나서 우울한 마음을 친구에게 설명해 주는 글을 쓴다면?
4	노력한 만큼 좋은 성적을 받게 되어 기쁜 마음을 글로 표현한다면?
5	다퉈서 서먹서먹해진 친구에게 다시 친하게 지내자는 편지를 쓴다면?
6	나를 자꾸 놀리고 괴롭히는 친구에게 나의 힘든 마음을 이야기한다면?
7	내가 싫어하는 행동을 계속하는 친구나 가족에게 나의 마음을 이야기한다면?
8	반려동물을 잃어 버려 슬픈 마음을 글로 표현한다면?
9	생일 선물을 준 친구에게 고마운 마음을 담아 편지를 쓴다면?
10	내가 평소에 자주 놀렸던 친구에게 미안한 마음을 담아 편지를 쓴다면?
11	몸이 아파 불편함을 느끼는 친구에게 위로하는 마음이 담긴 글을 쓴다면?
12	피아노 경연 대회에서 대상을 받은 친구에게 축하하는 마음을 담아 글을 쓴다면?
13	매일 맛있는 급식을 준비해 주시는 영양사 선생님께 고마운 마음을 담아 편지를 쓴다면?
14	좀비가 나오는 무서운 영화를 보자는 친구에게 내가 느끼는 두려운 마음을 담아 글을 쓴다면?
15	"넌 너무 잘생겼어, 넌 너무 예뻐."라고 말하는 친구에게 쑥스러운 마음을 담아 글을 쓴다면?
16	미술 시간마다 크레파스, 물감 등을 빌려 주는 친구에게 미안한 마음을 담아 글을 쓴다면?
17	새롭게 짝이 된 친구에게 반가운 마음을 담아 글을 쓴다면?
18	내가 가장 사랑하는 음식(치킨, 피자, 햄버거 등)에게 연애 편지를 쓴다면?
19	오랫동안 만나지 못하는 친구나 친척들에게 그리운 마음을 담아 글을 쓴다면?
20	힘이 약한 친구를 괴롭히는 친구들에게 화난 마음을 담아 글을 쓴다면?

6장

상상하는 글쓰기

상상력 글쓰기로
엉뚱력을 키우자

영화 「박물관이 살아 있다」의 주인공 배우 벤 스틸러는 영화 제작자이기도 합니다. 그가 제작, 감독, 주연을 한 「월터의 상상은 현실이 된다」는 1939년에 발표된 동명 소설이 원작인데, 잠깐 영화 줄거리를 살펴보겠습니다.

영화 속 주인공 월터 미티는 잡지사에서 16년 동안 같은 일을 반복하며 살아온 포토 에디터입니다. 그의 취미는 상상. 시간이 날 때마다 머릿속에서 실제로 경험해 보지 않은 일들을 떠올리는 게 유일한 낙입니다. 물론 다른 사람에게는 멍때리고 있는 것처럼 보이겠죠. 그런 월터에게 잡지의 표지 사진을 찾아오라는 미션이 떨어집니다.

· 일상 탈출의 비법, 상상하기 ·

결국 태어나서 한 번도 뉴욕을 떠난 적이 없는 월터는 잡지의 표지를 장식할 사진을 구하기 위해 여행을 떠납니다. 그리고 이 여행에서 바다 위로 떨어지거나, 헬리콥터에서 뛰어내리거나, 폭발할 것 같은 화산 주변을 달리는 일 등을 경험하게 되죠. 모두 다 상상 속에서나 가능했던 일입니다. 상상보다 더한 기상천외한 일들을 거치며 결국 월터는….

여기까지만 말하겠습니다. 조금 더 나가면 영화의 엔딩을 상상할 기회를 빼앗는 것 같아서요. 나머지 부분은 실제 영화를 통해 확인하시기 바랍니다.

갑자기 이 이야기를 한 건 영화 속 월터 미티의 모습이 평소의 제 모습과 비슷하기 때문입니다. 저도 월터 미티처럼 지붕에서 뛰어내리고, 폭발하는 건물 속에서 고양이를 구하고, 에베레스트산을 혼자서 등반하는 상상을 자주 하거든요.

그뿐인가요. 교실 속 의자가 마카롱이 되면 어떤 일이 벌어질까, 멀쩡하던 스마트폰이 바닷가재로 변해 버리면 전화를 어떻게 받아야 할까 같은 생각도 합니다. 세상의 모든 걸 하려면 돈이 드는데, 상상하는 건 공짜더라고요. 그래서 저도 영화 속 월터 미티처럼 상상, 아니 멍때리기를 즐깁니다.

· 상상 글쓰기의 시작, 똥 맛 나는 카레 ·

어느 월요일 아침, 식사로 카레를 먹었습니다. 케첩을 섞었더니 평소보다 색깔이 진해져서 비주얼이 마치 똥과 비슷하다는 생각이 잠깐 스쳐 갔습니다. 그리고 출근을 하는데 문득 이런 생각이 떠올랐습니다. '카레가 똥처럼 보이는 것처럼 똥이 카레처럼 보였던 적은 없었나?' 곰곰이 생각해 보니 있었던 것 같기도 하고 없었던 것 같기도 하고 가물가물했습니다.

생각은 다시 이렇게 이어졌습니다. '카레가 똥처럼 생긴 게 아니라 진짜 똥 맛이 나는 카레가 나오면 어떨까? 그리고 실제로 똥을 먹어 본 적은 없지만(진짜 없습니다) 똥에서 카레 맛이 나진 않을까?' 지금 생각해 봐도 어처구니가 없는 상상이지만 그날은 왠지 모르게 이 질문에 대한 아이들의 생각이 궁금했습니다. 어른보다 아이들의 두뇌가 훨씬 말랑말랑하다고 하니 어떤 대답을 할지 기대됐거든요.

쉬는 시간을 이용해 아이들에게 물어봤습니다. "얘들아, 카레 맛 나는 똥과 똥 맛 나는 카레. 두 가지가 있다고 해 보자. 너희는 어떤 걸 먹을 거야?"

이 말을 듣자마자 아이들은 손사래를 치며 우웩거렸죠. 선생님이 지금 제정신이 아닌 것 같다, 도대체 그걸 왜 먹어야 하나, 둘 다 변기에 버려야 한다 등등 여러 가지 이야기가 나왔습니다.

그런데 경진이가 이렇게 말했습니다. "저는 카레 맛 똥을 먹을래요. 똥을 먹는다는 것에 잠깐 자존심이 상할 수 있겠지만 일단 맛은 카레랑 똑같으니까요. 맛있는 게 최고죠."

그러자 진영이가 받아치듯이 말했습니다. "저는 똥 맛 카레를 먹겠습니다. 평소에 비위가 약한 편인데 카레 맛 똥을 먹으면 무조건 토할 것 같아요. 그럴 바에야 차라리 똥 맛 카레가 낫죠. 왜냐면 똥 맛 카레에 카레 가루를 엄청나게 쏟아부으면 똥 맛은 없어지고 카레 맛이 나지 않을까요?"

이번에는 한 학기 동안 수업 시간에 한 번도 입을 열지 않았던 우현이가 말했습니다. "왜 둘 중에 하나를 꼭 고르려고 하니. 내 생각을 잘

들어 봐. 카레 맛 똥이랑 똥 맛 카레를 섞는 거야. 우리 다 수학 배웠잖아. 두 개를 더하면 뭐가 나오겠어? 그렇지, 똥 맛 똥이랑 카레 맛 카레가 나오잖아. 그럼 여기서 카레 맛 카레를 먹고 나머지를 버리면 간단하게 해결되지 않니? 휴, 답답하다."

· 엉뚱한 질문에서 새로운 글쓰기로 ·

저는 그냥 재미 삼아 던져 본 이야기였는데 아이들이 이렇게 진지하게 생각할 줄 몰랐습니다. 이때다 싶어 아이들에게 말로만 이야기할 게 아니라 글로 적어 보자고 했죠. 말로 표현하고 싶은 이야기가 생겼다면 글로 적는 건 그리 어려울 게 없을 것 같았기 때문입니다. 그리고 아이들은 이미 이 주제에 흥미를 느꼈고요. 엉뚱한 질문에 대해 나만의 생각을 적어 보는 상상력 글쓰기는 이렇게 시작되었습니다.

시키지 않아도 하는
상상력 글쓰기

해마다 새로운 아이들을 만날 때면 저는 이런 질문을 합니다. "글쓰기 좋아하는 사람?" 그러면 어느 정도의 아이가 글쓰기를 좋아한다고 대답할까요? 학계에 공식적으로 발표된 바는 없지만 간단하게 계산할 수 있는 방법을 이 글을 통해 공개해 보겠습니다.

> 글쓰기를 좋아하는 초등학생의 비율
> = 100 - 글쓰기가 중요하다고 생각하는 학부모의 비율

글쓰기의 장점은 정말 많지만 글쓰기를 좋아하는 아이는 그리 많지 않습니다. 당연히 쓰고 싶어서 글을 쓰는 아이도 얼마 되지 않죠. 글쓰기라는 게 그렇게 머리 편하고 마음 편하게 할 수 있는 건 아니니까요. 생각이 있어야 글을 쓰는데, 보통의 아이들은 생각하는 걸 그리 즐기지 않죠.

· 상상을 즐기는 아이 ·

무심코 시작한 상상력 글쓰기를 통해 저는 새로운 사실을 깨달았습니다. 의외로 상상하는 걸 즐기는 아이가 많다는 것입니다. 갑자기 선생님이 500만 원을 준다면 어디에 어떻게 사용할까. 공부를 가르치지 않는 학교에서는 과연 무엇을 배울까. 일주일 동안의 급식 메뉴를 선택할 기회가 생긴다면 어떻게 구성할까. 이런 상상은 실현 가능성이 별로 없는 공상에 가깝습니다. 그런데 아이들은 이런 식으로 생각하는 것을 좋아했습니다. 쉬는 시간이나 점심 시간에도 이 소재로 친구들과 이야기했을 정도니까요.

아이들은 제가 던져 준 상상 질문에 대답을 하고 싶어 했습니다. 자신의 생각을 꺼내서 친구들과 저에게 보여 주고 싶어 했죠. 한마디로 말해 나의 생각을 표현하고자 하는 표현 욕구와 내적 동기가 자극된 것입니다.

노벨 문학상을 수상한 아일랜드의 시인 윌리엄 예이츠는 이런 말을 남겼습니다. "교육이란 양동이에 물을 채우는 게 아니라 불을 지피는 것이다." 아이들에게 쓰고 싶어 하는 마음이 싹트기만 한다면 시키지 않아도 알아서 씁니다. 한 번 불이 지펴지면 그다음은 아이들이 알아서 잘합니다. 상상력 글쓰기가 그랬습니다.

· 상상은 흥미로, 흥미는 자발성으로 이어진다 ·

상상하는 것에 한 번 흥미가 생기니 시키지 않아도 아이들이 찾아서 쓰기 시작했습니다. 쓰고 싶어 쓰게 된 것이죠. 학기 말 즈음이 되니 글쓰기가 재미있어졌다, 글쓰기를 좋아하게 되었다고 대답하는 아이들의 비율도 학기 초보다 훨씬 늘어났습니다.

만약 아이가 설명하는 글, 주장하는 글, 체험과 감상에 대한 글, 마음을 표현하는 글쓰기에 아직 흥미를 느끼지 못했다면 상상력을 키워주는 글쓰기로 시작해 보세요. 꽤 괜찮은 선택이 될 수 있습니다. 우리 반 아이들이 그랬던 것처럼요.

혹시 아나요? 우리 아이가 글쓰기를 좋아하면 좋겠다는 부모님의 상상이 현실이 될지? 그러면 그때 영화 제작에 들어가면 됩니다. 「○○ 엄마, 아빠의 상상은 현실이 된다」.

생각이 나지 않으면
그림으로 그려 보자

상상력 글쓰기를 하다 보면 가끔 이렇게 묻는 아이들이 있습니다. "선생님, 어떻게 설명해야 할지 잘 모르겠는데, 혹시 그림으로 그려도 되나요?"

이런 질문에 어떻게 대답하시겠습니까? "지금은 글쓰기 시간이니까 조금 힘들더라도 글로 쓰는 게 좋지 않을까."라고 하실까요? 아니면 "그래? 그럼 그림으로 한번 그려 볼래?"라고 아이의 생각을 받아들여 주실 건가요?

저는 글로 쓰기 어려울 때는 그림으로 그려도 좋다고 이야기합니다. 생각을 표현한다는 측면에서 글과 그림은 한 몸이라고 생각하기 때문이죠. 제 경험을 미루어 생각해 보면 그림을 그리다 보니 써야 할 내용이 떠올랐던 때도 많았고요. 여하튼 그림은 생각을 싹틔워 주는 중요한 도구입니다.

저와 비슷한 관점을 가졌던 이가 있습니다. 바로 르네상스 시대 최고의 N잡러, 레오나르도 다빈치입니다.

· 레오나르도 다빈치는 그림으로 상상력을 키웠다 ·

'N잡러'라는 신조어가 있습니다. 많은 수를 의미하는 알파벳 'N'에 직업을 의미하는 '잡', ~한 사람을 뜻하는 '러(er)'라는 단어가 결합된 합성어죠. 간단히 말하면 직업이 여러 개인 사람입니다. 레오나르도 다빈치는 르네상스 시대의 대표적인 N잡러였습니다.

모두가 알다시피 그는 화가이자 발명가, 건축가였습니다. 공학자이자 조각가였고, 천문학자이자 해부학자였습니다. 그뿐인가요. 식물, 역사, 지리, 도시계획, 공연기획에도 조예가 깊었습니다. 군사용 공격 병기를 만드는 재주, 당시로서는 상상조차 할 수 없던 비행기와 잠수함에도 관심을 가졌습니다. 그는 만능인간을 뜻하는 단어인 호모 우니베르살리스(Homo Universalis)라고 불려도 손색없는 재능을 가지고 있었습니다.

이렇듯 다양한 재능으로 여러 분야를 넘나들며 역사에 길이 남을 수작을 남긴 레오나르도 다빈치는 천재의 대명사이자 창의성의 아이콘으로 손꼽힙니다. 그런데 그는 이런 능력들을 태어날 때부터 가지고 있었던 걸까요?

세계적인 전기 작가 월터 아이작슨은 그의 책 『레오나르도 다빈치』에서 이렇게 말합니다. "레오나르도 다빈치가 가진 천재성은 범접할 수 없는 초인적인 것은 아니었다. 우리들도 충분히 도전해 볼 수 있고 배워 볼 수 있는 수준의 그 무엇이라고 생각한다."

역사상 가장 창의적인 인물로 손꼽히는 레오나르도 다빈치가 지닌 천재성 중 우리 아이들이 꼭 한 번 배워 볼 만한 게 있습니다. 바로 비주얼 싱킹이라고 불리는 '이미지로 생각하기'입니다. 머릿속 생각을 글과 이미지를 활용해 표현하는 방법이죠.

· 그림은 직관적 이해를 돕는다 ·

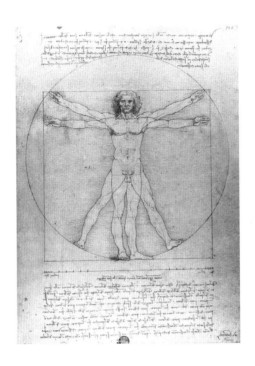

위 그림은 레오나르도 다빈치가 스케치했다고 알려진 「비트루비우스적 인간(Vitruvian Man)」입니다. 그가 이해하고 있는 인체 비례에 대한 생각을 명확하게 보여 주는 작품이죠.

레오나르도 다빈치가 「비트루비우스적 인간」을 통해 말하고자 했던 내용을 그림이 아니라 글로 설명하려 했다면 어떻게 되었을까요?

'두 팔을 벌린 길이와 머리끝에서 발바닥까지의 길이가 같다. 그래

서 사람의 몸은 정사각형 속에 딱 맞게 넣을 수 있다.'

'배꼽이 사람 몸의 중심이다.'

'두 다리를 4분의 1만큼 벌리면 배꼽을 기준으로 이등변 삼각형이 만들어진다.'

이렇게 구구절절 설명해야 했을 겁니다. 이처럼 복잡한 내용을 그림 없이 설명만으로 이해해야 했다면 얼마나 어려웠을까요. 눈으로 확인할 수 있는 그림이 있었기에 쉽게 설명하고 빨리 이해할 수 있었을 겁니다.

언어 정보나 비시각적 정보를 시각적으로 표현하면 직관적으로 이해할 수 있습니다. 글에 비해 구조적으로 생각하게 됩니다. 뿐만 아니라 내가 아는 것과 모르는 것이 무엇인지를 생각해 볼 수 있습니다. 아는 것은 쉽게 그릴 수 있지만 모르는 것은 그리지 못할 테니까요. 또 그리는 동안 몰랐던 것을 알게 될 수도 있고요.

이처럼 레오나르도 다빈치는 그림을 통해 생각을 싹틔우고 확장시켜 가는 방법을 알고 있었습니다. 그는 자신의 생각을 구체적인 스케치로 표현하면서 애매한 개념을 파헤쳐 갔습니다. 일단 그려 보고 어떻게 그려야 할지 막연해지면 다시 생각하고 글로 메모했습니다. 생각이 떠오르면 또다시 그렸죠. 이런 과정을 거치며 그는 탐구하던 주제를 좀 더 깊이 이해하게 되었습니다. 월터 아이작슨을 비롯한 전문가들은 레오나르도 다빈치의 이런 습관과 태도가 그의 창의성의 원천이라고 말합니다.

· 표현 수단은 글, 그림, 음악 등 다양하다 ·

　글쓰기는 정말 중요합니다. 하지만 잘 생각해 보면 글도 수단입니다. 내가 가진 생각을 표현하기 위한 방법일 뿐이죠. 생각은 그림으로, 음악으로, 몸으로도 표현할 수 있으니까요. 특히 일반적인 글쓰기가 아니라 상상력이 필요한 엉뚱한 생각들은 글만으로 표현하기 어려울 때가 많습니다. 이럴 땐 레오나르도 다빈치처럼 그림으로 표현해 보는 게 대안이 될 수 있습니다.

　아이가 상상하는 글쓰기를 하다가 생각이 안 난다고 말하면 일단 멈추게 하는 게 좋습니다. 그리고 함께 그림을 그려 보세요. 지금까지 안 나던 생각이 '번쩍' 떠오를지도 모릅니다. 이렇게 완성된 그림의 내용을 글로 표현할 수 있으면 두 마리 토끼를 모두 잡을 수도 있죠.

　글과 그림을 이용해 생각을 표현하는 방법, 비주얼 싱킹. 어쩌면 이 방법을 통해 우리 아이도 레오나르도 다빈치 같은 천재가 되는 것은 아닐까요?

상상력을 키우는 질문법

"상상력은 지식보다 더 중요하다."

상상력의 대명사로 꼽히는 알베르트 아인슈타인이 남긴 말입니다. 1955년 사망한 그가 살았던 때에도 상상력이 중요했나 보네요.

21세기를 살아가는 지금도 상상력은 여전히 중요한 능력입니다. 교육 분야에서뿐만 아니라 세상이 상상력을 원하고 있죠. 학교에서도, 기업에서도 상상력을 가진 창의적인 인재를 원하고 길러 내길 바라고 있습니다.

부모의 생각도 변하고 있습니다. 예전에는 "공부 잘했으면 좋겠어요.", "친구들과 잘 지내면 좋겠어요." 등이 학부모 상담의 주를 이루었죠. 요즘은 "우리 아이가 지금보다 창의적이 되려면 어떻게 하는 게 좋을까요?", "어떻게 하면 상상력을 키울 수 있나요?" 같은 질문을 많이 받습니다.

사실 이런 질문에는 대답하기가 곤란합니다. 창의력이나 상상력은 수학 점수처럼 수치화될 수 있는 게 아니기 때문이지요. "지난달까지 상상력 점수가 70점이었는데 이번 달에는 50점으로 떨어졌네요. 다음 달에는 독려해서 90점으로 만들어 보겠습니다." 이런 개념은 상상력의 세계에는 존재하지 않습니다.

· 상상의 세계에서는 모든 것이 정답이다 ·

상상력이란 실제로 경험해 보지 않은 것을 머릿속, 마음속에서 생각해 보는 능력을 말합니다. 따라서 눈에 보이게 환원시켜 수치화한다는 것은 상식적으로 이해하기 어렵습니다. 이렇듯 측정하기 어려운 상상력은 키울 수 없는 것일까요?

교육 전문가들은 말합니다. 우수한 유전자나 지능과 다르게 인간의 상상력이나 창의력은 후천적인 노력을 통해 계발할 수 있다고요. 실제로 제가 만난 아이들도 다음과 같은 세 가지 방법을 지속적으로 사용한 결과 학기 초에 비해 훨씬 상상력이 풍부한 아이로 변했습니다.

상상력을 키워 주는 세 가지 질문
☐ 왜 그렇게 생각해? ☐ 그다음에는 어떤 일이 생길 것 같은데? ☐ 조금만 더 자세히 설명해 줄래?

우리는 보통 정답이 있는 질문을 합니다. 맞고 틀리고가 명확한 것들을 묻죠. 맞으면 잘했다고, 틀리면 다시 생각해 보라고 합니다. 그리고 올바른 답이 나올 때까지 기다립니다.

그런데 상상에도 정답이 있을까요? 올바른 상상, 틀린 상상이라는 개념이 있을까요? 아니요, 없습니다. 상상을 구분 지어 생각하는 경우도 흔하지 않죠. 굳이 하자면 깊은 상상, 얕은 상상, 현실성 있는 상상, 비현실적인 상상 정도로 나눠 볼 수 있을 것 같습니다. 이렇듯 상상의 세계에서는 모든 것이 정답이고 모든 것이 오답입니다.

· 왜 그렇게 생각해? ·

아이의 상상력을 키워 주고 싶다면 정답이 있는 퀴즈가 아니라 정해진 답이 없는, 생각할 수 있는 질문을 자주 던져야 합니다.

생각과 생각 사이의 인과 관계를 묻는 '왜 그렇게 생각해?', 지금까지의 상황을 바탕으로 미래를 떠올리는 '그다음에는 어떤 일이 생길 것 같은데?', 더 깊이 생각하게 만들어 주는 '조금만 더 자세하게 설명해 줄래?'가 바로 그것입니다.

너무 간단해서 지금 바로 해 보고 싶으신가요? 잠깐만 기다리세요. 실전에서 사용하기 전에 한 가지 명심할 게 있습니다. 질문을 했다고 끝나는 게 아니라는 점입니다. 질문하고, 대답 듣고, 끝. 이게 아니라는 말이죠. 앞에서 소개한 세 가지 질문은 '질문-답-질문-답-질문-답'으로 꼬리에 꼬리를 물고 계속되는 게 좋습니다.

제가 우리 반 유나에게 적용했던 예를 한 번 들어 보겠습니다.

"교실에 있는 의자가 커다란 마카롱이라면 어떻게 될까?"
"공부가 안 될 것 같은데요?"

"왜 그렇게 생각하는데?"

"다들 공부 안 하고 마카롱을 먹지 않을까요? 선생님이 칠판 보실 때마다 조금씩 뜯어 먹는 거죠. 그리고 선생님께서 다시 우리를 보시면 안 먹는 척하고. 이렇게 40분 내내 먹었다 안 먹었다 하면 공부가 전혀 안 될 것 같아요."

"그다음에는 어떤 일이 생길 것 같은데?"

잠시 생각하던 유나는 입을 열었습니다.

"의자가 조금씩 줄어들어서 한꺼번에 많이 먹은 아이들은 의자가 완전히 없어지게 될 것 같아요. 그래서 선생님이 일주일에 한 번씩 새로운 마카롱 의자를 선물해 주는 거예요."

유나와 나눈 마카롱 의자 이야기는 10분 정도 계속됐습니다. 질문과 대답이 꼬리에 꼬리를 물며 이어졌기 때문이죠. 질문과 대답을 주고받으며 이유를 묻고, 다음에 일어날 일을 떠올려 보고, 조금 더 치밀하게 생각하다 보면 처음에는 상상하지 못했던 것들을 계속 꺼낼 수 있습니다.

· 언제, 어떻게, 얼마나 질문하느냐가 중요하다 ·

아이의 상상력을 키워 주기 위해 어떤 질문을 할 것인가는 중요합니다. 하지만 더 중요한 건 그 질문을 언제, 어떻게, 얼마만큼 하느냐입니다. 아무리 좋은 질문이라도 한 번으로 끝나 버리면 아이의 사고를 심화시키기 어렵습니다. 상상의 싹을 틔우려는 순간에 시들어 버릴 수 있죠. 상상의 싹을 틔운 다음, 나무가 되어 열매를 맺을 수 있게 반복적으로 질문을 던져 주어야 합니다.

한 가지만 기억하세요! '좋은 질문을 반복하는 것.' 질문과 대답을 주고받는 과정을 반복해 간다면 아이들은 더 풍부하게 상상하게 될 것입니다. 이게 바로 상상력을 키우는 질문법의 핵심입니다.

상상하는 글쓰기 팁

세계에서 가장 상상력이 풍부한 사람들이 모인 곳으로 알려진 스탠퍼드대학교 디자인 연구소 디스쿨을 만든 데이비드 켈리와 톰 켈리 형제는 『Creative Confidence(창조적 자신감)』라는 책을 통해 창의성에 대해 이렇게 말합니다.

"누구나 창의적인 사람이 될 수 있다. 창의적인 생각을 하면 할수록 창조적 자신감은 더 강력해진다."

'하루 한 장 글쓰기'라는 시스템을 학급에 도입했던 것도 바로 이 상상력을 키워 주는 글쓰기 덕분이었습니다. 워낙 황당한 상상이 많다 보니 아이들이 이걸 글쓰기라고 생각하지 않고 놀이로 받아들였기 때문이죠.

글쓰기 전문가들은 하나같이 이렇게 말합니다. "글 쓰는 것에 재미를 가져야 한다." 하지만 아이들이 글쓰기에 흥미를 느끼도록 만들기는 쉽지 않죠. 그래서 저는 해마다 하루 한 장 글쓰기를 시작하는 첫 달에 상상력을 키워 주는 글쓰기에 집중합니다. 이를 통해 글쓰기 자체에 긍정적인 마음을 갖게 되면 그다음에 배우게 되는 설명하는 글쓰기, 주장하는 글쓰기, 마음을 표현하는 글쓰기에도 거부감을 갖지 않고 자연스럽게 동화되니까요.

초등학교 국어과 교육과정에서는 상상력을 키워 주는 글쓰기와 관련된 성취 기준을 따로 제시하고 있진 않습니다. 그래서 제 나름대로 관련이 있다고 생각하는 성취 기준들을 몇 가지 뽑아 봤습니다.

상상력을 키워 주는 글쓰기와 관련된 학년별 성취 기준

[2국03-02] 자신의 생각을 문장으로 표현한다.

[2국03-05] 쓰기에 흥미를 가지고 즐겨 쓰는 태도를 지닌다.

[4국03-01] 중심 문장과 뒷받침 문장을 갖추어 문단을 쓴다.

[4국03-05] 쓰기에 자신감을 갖고 자신의 글을 적극적으로 나누는 태도를 지닌다.

[6국03-01] 쓰기는 절차에 따라 의미를 구성하고 표현하는 과정임을 이해하고 글을 쓴다.

교실에서 상상력을 키워 주는 글쓰기를 하다 보면 하루 한 장으로는 부족하다는 아이들이 있습니다. 다음 질문은 뭐냐고 물어 보는 아이도 많고요. 그만큼 아이들의 호응도, 만족도가 높은 게 바로 상상력을 키워 주는 글쓰기입니다.

다음에 소개하는 질문에 대해 답을 써 가다 보면 '조금 더 질문이 많았으면 좋겠다.', '더 쓰고 싶은데 이렇게 재밌는 질문을 어디서 얻을 수 있지?'라는 생각이 드는 순간이 올 겁니다. 그럴 땐 제가 운영하는 네이버 밴드 '하루 한 장 초등 글쓰기'에 가입해 보세요. 매일 아침 참신한 아이디어가 담긴 질문들을 하루 한 편씩 받아 볼 수 있습니다.

· 상상하는 글쓰기 질문 ·

1	다른 사람에겐 다 있는데 나만 없는 건 무엇인가요? 다른 사람에겐 없는데 나만 가지고 있는 건 무엇인가요?
2	양말 대신 고무장갑을 발에 신고 다닌다면 어떤 일이 일어나게 될까요?
3	병원은 아픈 몸을 고쳐 주는 곳입니다. 그렇다면 마음이 아플 때는 어디로 가야 할까요? 마음을 고쳐 줄 수 있는 곳은 어디이고, 어떻게 고쳐 줄까요?
4	한 개만 먹어도 살이 엄청나게 찌는 고칼로리, 내장 파괴 버거를 그리고 설명해 보세요.
5	비 오는 날에는 누구나 우산을 씁니다. 우산을 펼칠 때마다 웃음이 터져 나오는 우산이 있다면 그 우산은 어떤 색깔이고 어떻게 생겼을까요?
6	누군가와 함께 걸어 본 적이 있나요? 함께 걸으면 기분 좋은 사람 세 명을 생각해 보고 그 이유도 적어 보세요.
7	좋은 건 나눌수록 더 좋다고 합니다. 내가 가진 것 중에서 친구에게 나눠 주고 싶은 것을 두 가지 적고, 그 이유도 써 보세요.
8	앞으로 평생 동안 감자만 먹고 살아야 한다면 어떤 감자 요리를 만들어 먹고 싶나요? 월, 화, 수, 목 - 요일별로 적어 보세요.
9	학교 끝나고 집에 돌아왔더니 엄마가 기쁜 표정을 짓고 있습니다. 엄마는 왜 기쁜 표정을 짓고 있는 걸까요?
10	매주 금요일 아침만 되면 "오, 예! 신난다!"를 다섯 번씩 말하는 친구가 있습니다. 이 친구는 왜 금요일마다 이 말을 다섯 번씩이나 하는 걸까요?
11	개와 고양이가 서로 자기가 더 좋은 반려 동물이라며 싸우고 있습니다. 최고의 반려 동물은 개일까요? 고양이일까요? 그 이유도 함께 써 보세요.
12	비빔밥을 먹어 보지 못한 외국인에게 비빔밥을 설명하는 글을 써 보세요.
13	응급실은 치료가 필요한 환자가 찾아가는 곳입니다. 만약 너무 배가 고픈 사람이 찾아가는 응급 식당이 있다면 그곳에서는 어떤 음식을 어떻게 줄까요?
14	냉장고에 들어 있는 음식들끼리 싸움이 났습니다. 어떤 음식이 모두를 물리치고 최후의 승자가 되었을까요?

15	밥 먹기를 싫어하고 케이크, 과일, 고구마처럼 단 음식만 먹으려고 하는 동생이 있습니다. 어떻게 하면 밥을 먹게 할 수 있을까요?
16	사람들의 이가 모두 검은색으로 변하게 된다면 어떤 일이 일어날까요?
17	세상에서 가장 소중한 존재인 나! 나에게 오늘 당장 주고 싶은 선물 두 가지와 그 이유는?
18	내가 가장 좋아하는 연예인이나 유튜버와 하루 동안 데이트할 기회를 갖게 되었습니다. 무엇을 하며 시간을 보내고 싶나요?
19	여섯 살짜리 동생이 갑자기 이렇게 물었습니다. "수학이 뭐야?" 어떻게 설명해야 할까요?
20	다음 다섯 가지 단어가 들어간 이야기를 상상해서 써 보세요. 박사, 코로나, 한국, 김치, 뽀로로.

7장

글쓰기 습관을 길러 줄
아홉 가지 비법

매일 쓰기

"새벽 4시 기상. 정오까지 글쓰기. 오후에는 10km 마라톤 또는 수영. 저녁을 먹은 뒤에는 음악 감상 또는 독서. 저녁 9시 취침. 이 패턴을 매일 반복합니다."

『상실의 시대』, 『기사단장 죽이기』, 『1Q84』 등을 쓴 일본 작가 무라카미 하루키가 소개한 자신의 하루 루틴입니다. '새벽 네 시에 일어나고 간단한 아침 식사 후 6~7시간 동안 글쓰기'라니, 정말 대단하죠?

한 인터뷰에 따르면 하루키는 초고를 집필하는 6개월 동안 매일 이 과정을 반복한다고 합니다. 여기서 중요한 것은 '하루하루마다'라는 뜻을 가진 '매일'이라는 부사입니다.

많은 사람이 세 살 때 클라비어 연주를 터득하고 다섯 살에 작곡을 했다는 음악 신동 모차르트처럼 글솜씨도 타고나는 것이라고 생각합니다. 하지만 무라카미 하루키가 하루를 살아가는 루틴을 보면 글은 능력만으로 쓸 수 있는 게 아니라는 걸 알 수 있습니다.

· 처음부터 잘 쓰는 사람은 없다 ·

하루키는 자신이 작가로서 30년 넘게 살아올 수 있었던 이유가 하루도 빠짐없이 글을 써 왔기 때문이라고 믿고 있습니다. 그래서 그는 글을 잘 쓸 수 있는 첫 번째 비결로 '일상성'을 꼽습니다. 글이 잘 써지든 잘 써지지 않든 매일 200자 원고지 20매씩 쓰는 것이죠. 오늘 아침 10시에도 하루키는 서재에 앉아 소설을 쓰고 있었겠네요.

세계적 작가인 하루키조차도 매일 씁니다. 매일 쓴다는 일상성 속에 글을 잘 쓸 수 있는 비법이 숨어 있습니다. 처음부터 잘 쓰는 사람은 없습니다. 아이의 글쓰기 실력을 향상시키고 싶다면 무라카미 하루키처럼 일상적으로 글을 쓰게 만들어야 합니다. 그래서 하루 한 장 글쓰기가 중요한 것이고요.

그런데 막상 하루 한 장 글을 쓰기로 마음먹어도 이를 실천으로 옮기기는 쉽지 않습니다. 어떤 날은 시간이 돼서 쓰고, 어떤 날은 바빠서 쓰지 못하죠. 제가 아이들에게 하루 한 장 글쓰기의 힘을 아무리 강조해도 반에서 80% 정도는 이를 꾸준하게 하지 못합니다. 하지만 나머지 20%는 꾸준하게 글을 쓰죠. 두 그룹의 차이가 무엇인지를 관찰하다가 중요한 사실 하나를 발견했습니다.

하루 한 장 꾸준히 쓰는 아이들에게는 있고, 그렇지 않은 아이들에게는 없는 것, 그게 뭘까요? 바로 '글쓰기 루틴'입니다.

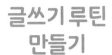

글쓰기 루틴
만들기

'루틴(routine)'이라는 단어를 국어사전에서 찾아보면 이렇게 설명돼 있습니다. '특정한 작업을 실행하기 위한 일련의 명령.' 이것만 봐서는 어떤 뜻인지 느낌이 잘 오지 않네요.

사전적 의미는 이렇지만, 실제로는 매일 특정한 행동을 반복하는 것을 '루틴'이라고 합니다. 예를 들어 매일 아침 일어나 이부자리를 정리하는 것으로 시작해 물을 한 잔 마시는 것, 아침을 먹은 다음 10분 정도 아침 일기를 쓰는 것, 이런 것들이 다 루틴에 해당합니다.

· 나만의 글쓰기 루틴 만들기 ·

하루에 한 장씩 글쓰기를 하는 것도 크게 보면 루틴(일상처럼 꾸준하게 반복하는 행동)이라고 할 수 있습니다. 하지만 이걸 실천으로 옮기기 위해서는 조금 더 구체적인 시간 계획이 필요합니다.

예를 들어 저녁 식사 후에 15분 동안 글을 쓰거나, 잠들기 전에 8분

동안 글을 쓰는 것처럼 일정 시간을 비워 두는 방식으로 말이죠.

여기서 중요한 것은 15분이나 8분이라는 시간의 양이 아닙니다. 매일 반복한다는 거죠. 매일 반복하기 위해서는 시간이 들쭉날쭉해서는 안 됩니다. 매일 같은 시간, 같은 장소에서 쓰면 반복하기 쉬워집니다.

초등학생 기준에서 매일 반복해서 글을 쓸 수 있는 구체적인 시간대는 언제일까요?

· 초등학생이 글쓰기 좋은 시간 ·

학교에 도착하자마자 15분

가장 쉽게 만들 수 있는 시간입니다. 평소보다 조금 일찍 출발하면 더 좋고요. 다른 친구가 등교하지 않았을 때의 고요함은 언제나 시끌벅적한 학교에서는 좀처럼 느끼기 힘든 분위기입니다. 글쓰기에 안성맞춤인 시간이기도 하고요.

학원에서 돌아온 뒤 저녁 먹기 전 15분

가장 애매한 시간입니다. 보통은 TV나 스마트폰을 보면서 낭비하기 쉬운 시간이죠. 기분 좋은 저녁 식사가 기다리고 있기 때문에 즐기면서 글을 쓸 수 있다는 장점이 있습니다.

저녁 식사 후 15분

식사 전 15분만큼 낭비하게 쉬운 게 식사 후 15분입니다. 우리 집의 모습을 떠올려 보세요. 저녁 식사 후에는 보통 뭘 하나요? 그냥 흘려 보내기엔 아까운 시간이죠.

글쓰기 루틴을 정할 때는 7시부터 7시 15분과 같이 시간으로 정하는 것보다는 '어떤 행동이 끝난 뒤', '저녁 먹기 전', '저녁 먹은 후'와 같이 행동과 행동을 연결시키는 게 좋습니다. 솔직히 말해서 시간을 칼같이 지킨다는 건 결코 쉬운 일이 아니니까요.

잠자리에 들기 전 15분

아이들이 일기를 쓸 때 주로 이 시간대를 많이 이용합니다. 아무래도 정신없는 아침 시간보다 비교적 한가한 기분을 느낄 수 있기 때문이죠. 우리 반 아이들도 이 시간대를 이용하는 경우가 많다고 합니다. 기분 좋게 글쓰기를 끝낸 날에는 평소보다 잠이 더 잘 온다고 하네요.

개인차가 있기 때문에 위에서 말한 시간에 글을 쓰기가 어려울 수 있습니다. 하지만 하루 24시간을 찬찬히 살펴보면 분명 빈틈이 있을 테니 그 시간을 이용하면 됩니다. 한 가지 명심해야 할 것은 글쓰기 시간을 부모님이 지정해 주지 말라는 것입니다.

하루 한 장씩 글을 쓰는 주체는 아이입니다. 쓰는 사람이 쓰고 싶은 시간에 쓰는 게 당연합니다. "이런 시간에 써 보는 건 어떨까?"라고 제안할 순 있지만 "저녁 먹기 전에 무조건 15분씩 글쓰기 하자!", "학원 갔다가 집에 돌아오면 바로 글쓰기 해!"라고 말해서는 안 됩니다. 그러면 아이의 자발적인 참여를 끌어내기 어렵습니다.

부디 아이에게 자신의 글쓰기 루틴에 적당한 시간을 고를 기회를 주세요. 그것이 글쓰기 루틴을 실천하는 것 못지않게 중요합니다.

· 지루함을 견뎌야 루틴이 만들어진다 ·

'하루키처럼 글쓰기 루틴을 만들어 하루 한 장씩 글쓰기를 한다.'

아이디어는 쉽지만 실천은 어렵습니다. 글쓰기 말고도 해야 할 일이 많고, 그날그날 예상하지 못한 변수도 생기기 때문이죠.

그럴 때마다 저는 레프 톨스토이의 『안나 카레니나』 첫 문장을 떠올립니다. "행복한 가정은 모두 다들 비슷비슷하지만, 불행한 가정은 모두 제각각의 이유로 불행하다."

이 문장을 글쓰기 루틴에 적용하면 이렇게 말할 수 있을 것 같습니다. "글쓰기 루틴을 지키는 이유는 다들 비슷비슷하지만, 글쓰기 루틴을 지키지 못하는 이유는 제각각이다."

글쓰기 루틴이라는 게 몇 시부터 몇 시까지 글을 쓰겠다고 정하면 끝나는 것일까요. 아니죠. 루틴을 만들기 위해서는 나머지 것들을 덜어내야 합니다. 아침에 글을 쓰려면 평소보다 일찍 학교에 가야 하고, 저녁 식사 후에 글을 쓰려면 습관처럼 보던 TV를 켜지 말아야 합니다. 또한 같은 시간, 같은 장소에서 계속 글을 쓰다 보면 지루해질 때도 생깁니다. 루틴은 필연적으로 지루함이라는 감정과 함께하기 때문입니다. 이것을 견디고 이겨 내야만 나만의 글쓰기 루틴을 만들 수 있습니다.

이렇게 글쓰기 루틴을 만들고 지속하다 보면 어느 순간 자연스럽게 글쓰기를 하고 있는 아이의 모습을 마주하게 될 것입니다. 그때가 바로 우리 아이가 글쓰기 습관을 갖게 된 역사적인 날입니다.

글쓰기 환경
만들기

　우리 아이가 습관처럼 글쓰기를 한다고 상상해 봅시다. 아침에 일어나자마자 책상에 앉아 글을 쓰는 겁니다. 글을 써야 하니 밥도 나중에 먹는다고 하고요. 게다가 "잠잘 시간이니 이제 그만 쓰자."라고 말해야만 책상에서 일어납니다. 그것도 무척 아쉬워하면서요. 머릿속에 그려 보기만 해도 입가에 미소가 지어지죠?

　글쓰기를 습관으로 만들어야 한다는 생각에는 대한민국의 모든 부모가 동의할 것입니다. 하지만 아이가 글쓰기 습관을 갖게 만드는 것은 결코 쉽지 않은 일입니다. 어떻게 하면 글쓰기를 습관으로 만들 수 있을까요?

　인간 행동 연구 전문가이자 습관 분야의 세계 최고 권위자로 꼽히는 웬디 우드의 『해빗(habbit)』에 나오는 습관 형성의 비법을 아이들의 글쓰기에 적용해 볼까 합니다. 동일한 환경, 마찰력, 자동화가 바로 그것이죠. 글쓰기가 습관이 되는 세 가지 비법을 소개합니다.

· 동일한 환경을 만들자 ·

독일의 사회심리학자 쿠르트 레빈은 사람의 행동이 그를 둘러싼 환경에 많은 영향을 받는다는 것을 밝혀냈습니다. 어떤 장소에서, 어떤 시간에, 어떤 사람과 함께하는지가 인간의 행동에 결정적인 영향을 미친다는 것입니다.

우리 반에는 글쓰기를 습관처럼 하는 아이가 몇 명 있는데, 그중 한 명인 혜진이에게 물어봤습니다. "혜진아, 날마다 일기를 쓴다며? 어디서, 언제 쓰는 거야?" 그러자 혜진이는 이렇게 대답했습니다. "거실에서 잠자기 전에 써요. 저만 쓰는 게 아니고 동생이랑 엄마도 써요. 아 참, 일기 쓸 때 엄마가 조용한 음악도 틀어 주세요."

습관을 만들기 위해서는 환경을 조성해야 합니다. 혜진이네 가족처럼 매일 같은 장소, 같은 시간, 같은 분위기를 만들어 주는 것입니다. 혜진이네 집에서는 환경뿐만 아니라 동생, 엄마가 함께 글쓰기를 하는 '상황'까지 조성해 준 점도 글쓰기를 습관으로 만드는 데 적지 않은 기여를 한 것 같습니다.

글쓰기를 중심으로 동일한 환경을 재배열하는 것, 습관 설계의 첫 번째 비법입니다.

· 마찰을 조절하자 ·

웬디 우드는 그녀의 책 『해빗』을 꿰뚫는 단 하나의 개념으로 '마찰력'을 꼽았습니다. 여기서 '마찰'이란 습관 형성에 있어 목표로 하는 일을 가로막는 일종의 장애물을 말합니다.

아이들의 글쓰기를 예로 들면 이런 것입니다. 글을 써야 하는데 지우개가 없다든지, 내가 원하는 연필이 없다든지, 글을 쓰다가 연필심이 부러져 버린다든지, 노트 옆에 스마트폰이 놓여 있어 글쓰기보다는 게임을 생각하게 된다든지 하는 것들 말이죠.

잠들기 전 다섯 줄 글쓰기. 매우 간단하지만 실천으로 옮기기까지는 적지 않은 마찰이 작용합니다. 글을 쓰려고 책상에 앉은 지 1분도 지나지 않아 "아, 양치질하는 걸 깜빡했다.", "아까 세수하고 얼굴에 로션을 안 발랐네.", "내일 학교에 가져갈 준비물을 안 챙긴 것 같은데." 와 같은 마찰이 나타납니다.

"괜히 글쓰기 하기 싫으니까 이것저것 핑계 대는 거잖아!"라고 말할 수도 있지만 이런 마찰 때문에 글쓰기를 습관으로 만드는 데 실패하는 아이들이 의외로 많습니다.

지우개가 없는 것부터 시작해 책상이 정리되어 있지 않은 것, 집중해서 글쓰기를 할 수 있는 공간이 없는 것까지 사소하게 느껴질 수도 있는 마찰이 습관에 미치는 영향은 강력합니다.

글쓰기를 가로막는 마찰을 조절하는 것, 습관 설계의 두 번째 비법입니다.

· 자동화 시스템을 만들자 ·

세계에서 유일하게 올림픽 통산 스물여덟 개의 메달을 딴 미국의 수영 황제 마이클 펠프스는 한 인터뷰에서 이런 명언을 남겼습니다. "나는 오늘이 무슨 요일인지 모른다. 날짜도 모른다. 나는 그저 수영만 할 뿐이다."

피겨 여왕 김연아 선수도 비슷한 말을 했습니다. "무슨 생각을 하면서 스트레칭을 하세요?"라는 PD의 질문에 "생각은 무슨 생각을 해요.⋯ 그냥 하는 거지."라고 대답했죠. 마이클 펠프스의 '그저'와 김연아의 '그냥'. 두 사람을 통해 발견할 수 있는 습관 형성의 원칙은 자동화 시스템입니다.

흔히 글쓰기 습관을 만들려면 놀고 싶은 마음을 억누르며 하고 싶은 것을 참아야 한다고 생각합니다. 다시 말해 자제력이 필요하다는 거죠. 하지만 실제 그런 습관을 가진 사람들은 우리의 생각만큼 자제하고 인내하는 건 아니라고 말합니다. 별 생각 없이 자동적으로 한다는 겁니다. 한마디로 '그냥 하는 것'이죠.

교실에서도 비슷한 경우가 있습니다. 수업이 끝났는데도 노트에 무엇인가를 계속 쓰는 아이들이 있습니다. 뭘 쓰냐고 물으면 "그냥 이번 시간에 배운 거 정리하는 거예요."라고 답합니다. 여기서 중요한 것은 '그냥'이라는 부사입니다. 더 좋은 글을 쓰고 싶고, 잘하고 싶은 마음이 뿜어져 나와서가 아닙니다. 그냥 쓰는 겁니다.

아무 생각 없이 그냥 하는 것, 그리고 이를 자동적으로 반복하는 것. 좋은 습관을 가진 사람들의 공통점이자 습관을 설계하는 가장 강력한 방법입니다.

내가 쓴 글
다시 보기

어니스트 헤밍웨이는 『노인과 바다』를 200번 고쳤습니다.

레프 톨스토이는 『전쟁과 평화』를 35년간 고쳤습니다.

무라카미 하루키는 『해변의 카프카』를 6개월 만에 썼지만 1년간 고쳤습니다.

독자는 작가가 특별한 능력을 타고난 사람이라고 생각합니다. 어떤 글이든 뚝딱 써 낼 수 있는 재능을 가졌다고 믿죠. 하지만 실제론 그렇지 않습니다. 대부분의 작가가 초고는 한 번에 써도 퇴고를 통해 수없이 고치고, 또 고칩니다. 글쓰기가 직업인 전업 작가들은 입을 모아 퇴고의 중요성을 강조하죠. 문득 어떤 글쓰기 강의에서 들었던 구절이 떠오르네요. "글은 쓰는 것이 아니라 고치는 것이다."

글쓰기 전문가들이 퇴고의 중요성을 강조하지만 실제로 초등학생이 글을 쓴 뒤 퇴고하는 경우는 흔치 않습니다. 글쓰기에 관심이 없는 아이는 물론이고 조금 글을 쓴다고 하는 아이도 퇴고를 거의 하지 않습니다. 그냥 한 번에 써 버린 다음 "다 썼다!"고 외칠 뿐이죠.

우리 아이의 평소 글쓰기 습관을 떠올려 보세요. 일기나 독후감을 쓴 다음에 "잠깐, 퇴고 좀 하고."라고 말하는 경우가 있던가요? 잘 쓰는 아이는 많아도 잘 고치는 아이는 없습니다.

그렇다면 아이들은 왜 퇴고를 하지 않는 걸까요? 국어 시간에 6학년 아이들에게 물어봤습니다. 퇴고를 하지 않는 이유에 대해.

· 퇴고가 뭐예요? ·

첫 번째 이유는 퇴고해야 하는 이유를 몰라서입니다. "너희들은 왜 글 쓴 다음에 퇴고를 안 하는 거야?"라고 묻자 가장 먼저 나온 대답이 바로 "퇴고가 뭐예요?"였습니다. 퇴고해야 하는 이유뿐만 아니라 퇴고가 무엇인지도 모르는 아이가 절반을 넘었습니다.

그래서 설명해 줬죠. "퇴고는 글을 쓴 다음에 문장을 가다듬는 거야." 그러자 몇 명이 이렇게 반문했습니다. "왜 가다듬어요? 처음부터 잘 쓰면 되잖아요. 그럼 여러 번 볼 필요 없이 한 번에 끝나는 거 아니에요?" 옆에 있던 아이들도 "맞아, 맞네."를 외치며 수긍했습니다.

일필휘지의 대가로 꼽히는 이태백이 아니라면 글을 쓰는 모두에게 퇴고가 필요합니다. 아무리 잘 쓴 글이라도 다시 읽어 보면 분명히 부족한 부분이 나오기 때문이죠. 많은 아이가 퇴고가 무엇인지, 퇴고를 해야 하는 이유가 무엇인지를 알지 못합니다.

· 퇴고는 어떻게 해요? ·

두 번째 이유는 퇴고 방법을 알지 못해서입니다. 퇴고를 해야 하는 이유를 알게 되어도, 실제로 많은 아이가 어떻게 퇴고를 해야 하는지 알지 못해 우왕좌왕합니다.

글쓰기 수업 시간에 "자, 이제 고쳐 쓰기를 해 볼까요?"라고 하면 교실은 세 갈래 아이들로 나눠집니다. 무언가를 열심히 고치는 아이들과 멀뚱멀뚱 앉아 있는 아이들, "뭘 고쳐요?" 하고 묻는 아이들이죠. 두 번째와 세 번째에 해당하는 아이들은 퇴고하는 방법을 알지 못합니다. 퇴고할 때 뭘 중점적으로 봐야 하는지 모르기 때문에 멀뚱멀뚱 앉아 있거나 무엇을 고쳐야 하냐고 묻게 되는 것이죠.

더 놀라운 사실은 첫 번째에 해당하는 아이들도 고치고 있는 것처럼 보이지만 실제로는 뭘 어떻게 고쳐야 하는지 모르는 경우가 많다는 것입니다.

아마 어른도 "퇴고는 어떻게 해야 하나요?" 하는 질문에 대답하기가 쉽지 않을 겁니다. 아이들은 말할 것도 없지요. 귀에 못이 박히도록 "고쳐 써야 된다."는 말을 들었지만, 막상 고치려고 들면 도대체 뭘 고쳐야 하는지 모르겠고 막막함을 느끼는 경우가 많습니다.

· 퇴고는 어렵고 귀찮아요! ·

세 번째 이유는 퇴고가 귀찮고 어려운 일이기 때문입니다. 아이들에게 "퇴고는 이런 거고, 이렇게 하는 거야."라고 애써 말해 줘도 실제로 퇴고를 하는 아이는 열에 셋도 되지 않습니다. 이미 완성된 글을 반복해서 읽으며 고쳐야 할 곳을 찾는 건 말 그대로 '귀찮은 일'이기 때문입니다. 아이들에게 퇴고하라고 했을 때 가장 많이 나오는 반응이 "귀찮아요."입니다.

사실 퇴고는 어렵습니다. 완성한 글을 읽어 보다가 뭔가 매끄럽지 못한 부분을 발견했을 때, 그걸 고쳐야 할 것 같긴 한데 어떻게 고쳐야 할지 막막했던 기억이 한 번쯤은 있죠. 고치다 보면 왠지 처음부터 다시 쓰는 게 나을 것 같다는 생각도 들고요. 이처럼 퇴고를 하다 보면 꼬여 버린 실타래를 어디서부터 풀어야 할지 모르는 막막함을 느낄 때가 많습니다.

· 글쓰기 대마왕의 비결은 잘 고치기 ·

퇴고가 어려운 또 다른 이유는 퇴고에는 끝이 없기 때문입니다. 초고 쓰기에는 시작과 끝이 분명히 있습니다. 반면 퇴고에는 언제까지 고쳐야 한다는 게 정해져 있지 않습니다. 그래서 퇴고가 어려운 겁니다. 엉덩이 힘이 필요하기 때문이죠.

가뜩이나 집중할 수 있는 시간이 길지 않은 초등학생에게 진득하게 앉아서 자신의 글 속에 숨어 있는 오류를 찾아내고 고치는 건 상당히 어려운 일입니다. 그래서 아이들은 퇴고를 하지 않으려 합니다.

글쓰기를 잘할 수 있는 비법은 잘 쓰는 게 아니라 잘 고치는 데 있습니다. 아이가 글쓰기는 하는데 퇴고를 하지 않는다면 이렇게 물어 보세요. "엄마 생각에는 퇴고가 중요한 것 같은데, 퇴고를 하지 않는 이유가 뭘까?" 대답을 듣고 아이가 퇴고의 필요성을 느끼지 못한다면 초고와 퇴고 후의 글을 비교해서 보여 주세요.

퇴고를 하고 싶은데 방법을 모른다면 퇴고 방법을 알려 주면 됩니다. 다만 아이의 글쓰기 수준에 맞는 퇴고 방법을 말해 줘야죠. 가령 단락의 개념도 모르는 아이에게 "단락과 단락이 유기적으로 연결되었는가?"와 같은 성인 글쓰기의 퇴고 방법을 알려줘 봤자 아이가 적용할 수는 없으니까요.

끝으로 퇴고는 나 자신과의 싸움이라는 사실을 말해 주어야 합니다. 귀찮고 어려울 수 있지만 계속 고치며 보다 나은 글을 만들어 가는 과정에서 성취감을 느끼는 것, 이게 바로 글쓰기의 재미라는 사실을 이야기해 주세요.

고쳐 쓰기

쓰고 고치고, 쓰고 고치고, 쓰고 고치고. 이 과정을 무한히 반복하는 게 글쓰기입니다. 그런데 대부분의 초등학생 글쓰기는 다음과 같은 순서로 진행되죠. 쓰고, 쓰고, 쓰라고 할 때 안 썼다가 엄마가 쓰라고 하면 다시 쓰고.

초등학생의 글쓰기에 고쳐 쓰는 작업은 없습니다. 하지만 자주 고칠수록 더 좋은 글이 되는 건 부인할 수 없는 사실이죠.

무라카미 하루키는 글쓰기와 자신의 삶의 상관 관계에 대해 이야기한『직업으로서의 소설가』에서 퇴고를 망치질에 비유합니다. 쇠를 만들 때 망치질을 해야 하는데 많이 하면 할수록 쇠가 더 단단해진다고 합니다. 글도 마찬가지죠. 퇴고를 많이 하면 할수록 단단한 글이 만들어집니다.

'우리 아이가 글쓰기를 하고 있네.'에서 만족할 게 아니라 '어떻게 하면 더 좋은 글, 단단한 글을 쓸 수 있도록 도움을 줄 수 있을까?'를 고민한다면 퇴고에 집중해야 합니다. 초등학생의 퇴고는 어떻게 하는 게 좋을까요?

· 퇴고 체크리스트를 활용하자 ·

퇴고가 어려운 이유 중 하나는 뭘 고쳐야 할지 모르기 때문입니다. 엄마가 고치라고 해서 책상에 앉기는 했는데 뭘 고쳐야 할지 모르니 괜히 띄어쓰기나 맞춤법 같은 것만 보게 되죠. 숲은 보지 못하고 나무만 보는 퇴고를 하는 것입니다.

물론 띄어쓰기, 맞춤법, 문장 부호 같은 나무도 중요합니다. 하지만 큰 흐름을 보는 게 더 중요하죠. 숲도 보고 나무도 볼 줄 알아야 합니다. 그럴 때 사용하면 좋은 게 퇴고 체크리스트입니다.

퇴고할 때 집중적으로 살펴봐야 하는 부분들을 기록한 퇴고 체크리스트가 있다면 조금 더 쉽고 효율적으로 퇴고할 수 있습니다. 다음은 성인의 글쓰기에서 사용하는 퇴고 체크리스트를 초등학생 수준으로 바꿔 본 것입니다.

초등학생을 위한 퇴고 체크리스트

형식
- ☑ 주어가 빠진 부분은 없나요?
- ☑ 맞춤법이 헷갈렸던 부분은 없나요?
- ☑ 띄어쓰기는 바르게 되었나요?

내용
- ☑ 제목과 글 전체의 내용이 알맞게 연결되었나요?
- ☑ 주장과 근거가 적절한가요?
- ☑ 문장 순서를 바꾸고 싶은 부분은 없나요?

☑ 문단 순서를 바꾸고 싶은 부분은 없나요?

☑ 문장 성분의 호응 관계가 매끄럽나요?

☑ 내가 하고 싶은 말이 잘 드러났나요?

☑ 보충하고 싶은 내용은 없나요?

☑ 쓰려고 생각해 뒀는데 깜빡하고 빠뜨린 부분은 없나요?

☑ 빼도 괜찮을 것 같은 부분은 없나요?

☑ 읽어 보았을 때 매끄럽게 연결되나요?

위에서 제시한 퇴고 체크리스트는 하나의 예시일 뿐, 모든 아이에게 적용되긴 어렵습니다. 각자 약한 부분이 다르니까요. 따라서 이 아이디어를 바탕으로 나만의 체크리스트를 직접 만들어 사용하는 게 좋습니다. 평소에 내가 약한 부분을 확인하고 넘어갈 수 있도록 나에게만 적용되는 체크리스트를 만드는 것이죠.

또한 글쓰기 실력이 좋아질수록 퇴고 체크리스트도 업그레이드해야 합니다. 글쓰기 초보 시절의 점검표와 고수 시절의 점검표가 같을 순 없으니까요.

퇴고 체크리스트를 한 번이라도 만들어 본 아이의 글은 이전과 완전히 달라집니다. 글을 쓸 때마다 체크리스트가 머릿속에서 둥둥 떠다니게 되니까요. 예전에 하던 실수를 반복할 확률은 줄어들 수밖에 없습니다.

· 소리 내어 읽는 것도 좋은 퇴고다 ·

말과 글은 연결되어 있습니다. 소리 내어 읽었을 때 막히지 않고 술술 읽힌다면 그것은 이미 좋은 글이라고 할 수 있습니다.

저는 아이들에게 주로 소리 내어 읽는 퇴고를 시킵니다. 초등학교 2학년도 국어 시간에 자기가 쓴 글을 읽다가 이렇게 말합니다. "선생님, 여기가 뭔가 좀 이상해요. 말이 잘 안 돼요. 고쳤다가 이따 다시 읽을게요."

그렇습니다. 읽다 보면 직감적으로 알게 됩니다. 뭔가 말이 안 되고 이상하다는 사실을요. 소리 내어 읽으면서 그 내용이 머릿속으로 들어가고 머릿속에서 자체 점검을 하는 것이죠. 퇴고 체크리스트가 없더라도 우리의 뇌가 자동적으로 문제점을 인지하는 것입니다.

이렇게 하다 보면 문어체로 썼던 글을 구어체로 바꿀 수 있습니다. 너무 길어 내용 파악이 힘든 문장을 읽기 편하게 자를 수도 있고요.

소리 내어 읽는 퇴고는 독자가 되어 보는 것입니다. 글을 쓴 사람에서 글을 읽는 독자로 입장을 바꿔 보는 것이죠. 글쓴이는 내가 쓰기 편한 대로 씁니다. 그러다 보면 읽어야 하는 독자의 입장은 고려하기 어렵죠. 하지만 글은 독자가 있기 때문에 존재합니다. 독자가 읽기 편한 글은 소리 내어 읽는 퇴고로 만들 수 있습니다.

· 시간 간격을 두고 퇴고하자 ·

퇴고를 하다 보면 신기한 현상을 겪게 됩니다. 어제는 보이지 않던 것이 오늘은 보이게 되는 것이죠. 분명히 어제 읽을 때는 아무 문제 없었던 것 같은데 오늘 다시 읽으면 문장의 흐름이 부자연스럽고 잘 연결되지 않습니다. 그렇기 때문에 시간 간격을 두고 퇴고하는 게 필요합니다.

퇴고의 중요성을 이야기하면 보통 한 번은 고칩니다. 그러고 나선 다시 펼쳐 보지 않죠. 나중에 일기장 한 권을 다 썼을 때 엄지손가락으로 쭉 훑어가면서 "와 열심히 썼네."라고 감동하며 다시 한 번 힐끗 볼 뿐입니다.

한 번 고친 글이 과연 좋은 글로 바뀌었을까요? 아이와 함께 예전에 퇴고했던 글을 다시 한 번 읽어 보세요. 분명히 다시 손봐야 하는 부분을 찾을 수 있을 것입니다. 그렇기 때문에 퇴고는 한 번 하고 마는 게 아니라 시간 간격을 두고 여러 차례 하는 게 좋습니다. 오전에는 안 보이던 게 오후에는 보이기도 하니까요.

처음부터 잘 쓰는 아이가 있을까요? 물론 있습니다. 하지만 대부분의 아이는 수없이 많은 망치질을 통해 잘 쓰는 아이로 성장하게 됩니다. 우리는 망치질의 과정을 보지 못했기에 그저 "와, 잘 썼네."라고 칭찬하는 것일 뿐이죠.

우리 아이가 잘 쓰는지 못 쓰는지를 확인하기 전에 어떻게 하면 망치질을 잘하게 도와줄 수 있을지 생각해 보세요. '쓰고 고치고, 쓰고 고치고, 쓰고 고치고'를 아이의 책상 위에 붙여 주세요. 글쓰기 실력은 퇴고를 먹으며 자라납니다.

최고의 독자는 가족

무라카미 하루키 이야기를 조금 더 해 볼까 합니다. 그가 소설 『바람의 노래를 들어라』로 군조 신인 문학상을 수상한 것이 1979년입니다. 작가로 살아온 지 40년이 넘었지요. 40년 넘게 쉬지 않고 소설을 발표하고 있다니 열정과 끈기가 대단하죠?

그는 여러 인터뷰에서 아내인 다카하시 요코를 가장 가까운 친구이자 편집자라고 소개합니다. 소설의 초고를 가장 먼저 보게 되는 사람이기 때문입니다. 아내의 허락이 떨어져야만 출판사 편집자에게 원고를 넘긴다는 이야기가 있을 정도입니다. 하루키의 세계적인 베스트셀러들은 최초의 독자이자 최고의 독자인 아내를 통해 만들어지게 된 것이라고 해도 과언이 아니겠죠?

이렇듯 작가에게 가족은 든든한 지원군이자 독자입니다. 그렇다면 이제 막 글쓰기에 흥미를 느끼기 시작한 우리 아이에게 최고의 독자는 누구일까요? 친구, 선생님도 될 수 있지만 무엇보다 최고의 독자는 바로 가족입니다.

· 아이를 가족보다 더 잘 아는 사람은 없다 ·

아이의 글 속에는 아이의 삶이 녹아 있습니다. 우리 아이가 어떤 삶을 살아왔고, 어떤 삶을 살고 있는지를 가족만큼 잘 아는 사람이 또 있을까요?

우리 아이를 잘 모르는 사람이 "나는 오늘 브로콜리를 먹었다."로 시작하는 글을 읽는다면 그냥 '브로콜리를 먹었나 보구나.'라고 생각할 것입니다.

하지만 날이면 날마다 브로콜리 먹기 싫다고 떼쓰고 편식하던 아이의 모습을 보아 온 가족이 이 문장을 읽었을 때는 어떤 생각이 들까요? '이게 무슨 일이지? 우리 ○○가 드디어 편식하지 않겠다고 한 약속을 지키기 시작했구나. 뭔가 예사롭지 않은 일이 시작되었나 보다.'라고 생각하지 않을까요?

같은 문장이라도 글쓴이를 잘 알고 있는 사람은 문장 밖의 이야기를 읽어 낼 수 있습니다. 행과 행 사이에 숨어 있는 내용을 직감적으로 잡아낼 수 있는 사람은 가족밖에 없죠.

· 아이는 언제나 부모의 인정에 목마르다 ·

학교 현장에서 아이들을 만나면서 느끼는 게 있습니다. 생각보다 다섯 배 정도는 아이들이 부모님의 인정에 목말라 있다는 사실입니다. 예를 들어 지난번보다 글쓰기 실력이 좋아진 것 같다고 하면 아이들은 이렇게 말합니다. "진짜요? 그럼 지난번보다 더 잘 썼다고 선생님이 적어 주세요. 엄마한테 자랑할래요." 교사와 친구들의 인정만으로는 모자라는 것이죠.

수학 단원 평가를 봐도 비슷합니다. 다 맞았다고 동그라미를 열 개 쳐 줬더니 진아가 찾아와서 이렇게 말했습니다. "선생님, 저 진짜로 다 맞은 거면 여기 위에다가 100점이라고 써 주세요. 우리 아빠는 100점이라고 적혀 있어야 좋아하신단 말이에요."

후쿠이대학교 아동마음발달진료센터에서 수십 년간 부모 교육을 해 오고 있는 도모다 아케미 교수는 자신의 책『아이의 뇌에 상처 입히는 부모들』에서 아이가 건강하게 성장하기 위해서는 부모의 인정이 필요하다고 말했습니다.

인간이라면 누구나 타인에게 인정받고자 하는 욕구를 가지고 있습니다. 그리고 이런 인정 욕구를 채워 가며 한 단계 한 단계 성장해 갑니다.

아이들은 더 그렇습니다. 언제나 부모의 인정에 목말라 있습니다. 집에서 뭐라도 하면 "엄마, 이거 보세요~"라고 말하는 데에는 다 이유가 있는 것이죠. 부모님에게 인정받고 싶기 때문입니다.

아이들은 이렇게 매사에 인정받고 싶어 하는데, 특히 내가 쓴 글을 읽고 인정해 준다면 얼마나 기쁠까요? 이게 바로 우리 가족이 최고의 독자가 될 수밖에 없는 두 번째 이유입니다.

· 하루 5분이면 최고의 독자가 될 수 있다 ·

아이가 쓴 글의 독자가 가족이어야만 하는 이유, 잘 아셨죠? 그렇다면 어떻게 최고의 독자가 되어 줄 수 있을까요? 하루에 딱 5분만 시간을 내면 됩니다. 50분도 아니고, 30분도 아니고, 딱 5분입니다. 초등학생은 아직 글밥이 많은 글을 쓸 수 없습니다. 그렇기 때문에 5분이면 충분히 아이들이 쓴 글을 읽을 수 있죠.

씻고 잠자리에 들기 전, 오늘 아이가 쓴 글을 읽어 보는 시간을 나이트 루틴 속에 넣어 보세요. 그러면 거르지 않고 아이의 글을 읽어 줄 수 있습니다. 부모만 해야 하는 건 아닙니다. 가족이 모여 앉아 오늘 쓴 글을 함께 읽어 보는 '가족 합평회'를 열어도 좋죠. 중요한 건 가족이 아이가 쓴 글에 관심을 갖고 읽어 주는 것이니까요.

하루에 5분만 투자해서 아이가 글쓰기를 좋아하게 만들 수 있다면 이것만큼 수익률 높은 투자가 또 있을까요?

글쓰기 친구
만들기

아이가 걸음마를 떼고 혼자 걷기 시작할 무렵이면 부모는 함께 키즈 카페에 갈 친구를 찾게 됩니다. 혼자 놀면 재미가 없으니 함께 놀 친구를 찾는 것이죠.

서너 살 더 먹으면 캠핑을 가기 시작하죠. 요즘은 외동아들, 외동딸이 많아서 또래 아이를 가진 친구네 가족과 캠핑 친구를 맺는 경우도 많습니다. 부모도 즐겁고, 아이들도 재미있으니까요.

친구 맺는 걸 부모만 좋아하는 건 아닙니다. 친구 사귀기를 좋아하는 아이도 많죠. 같은 학원에서 같은 과목을 듣는 학원 친구, 학교에서 서로 비밀을 주고받는 비밀 친구, 방과 후에 놀이터 가서 함께 노는 놀이터 친구. 이렇게 아이들은 다양한 장소에서 다양한 주제로 친구 관계를 맺습니다.

· 글쓰기 친구가 필요한 이유 ·

이렇게 친구 맺는 걸 좋아하는 아이들이지만 "얘가 내 글쓰기 친구예요."라고 말하는 아이는 지금까지 한 번도 보지 못했습니다. 아이들의 머릿속에 놀이터 친구, 게임 친구, 캠핑 친구 개념은 있지만 글쓰기 친구라는 개념은 없습니다.

놀이터에서 재미있게 놀고 싶을 땐 놀이터 친구가 있으면 좋죠. 게임을 할 때 함께 이야기하며 생각을 주고받는 게임 친구가 있다면 혼자 하는 것보다 훨씬 신날 겁니다. 캠핑은 더 말할 것도 없고요.

자, 그럼 이제 답이 나왔네요. 글쓰기를 재미있게 하려면 무엇이 있어야 할까요? 그렇죠. 글쓰기 친구가 있어야 합니다. 아니, 반드시 필요합니다.

이제 막 글을 쓰는 것에 흥미를 갖게 되었다면 더더욱 글쓰기 친구가 필요합니다. 함께 가면 멀리 갈 수 있다는 말처럼 혼자서 글쓰기를 하는 것보다 글쓰기 친구와 함께 쓰는 게 더 좋지요. 글쓰기 친구의 장점은 여러 가지지만 그중에서 두 가지만 뽑아 봤습니다.

· 내 글을 읽어 줄 독자가 있다 ·

우리 반 아이들에겐 글쓰기 친구가 있습니다. 학기 초에 한두 명씩 글쓰기 짝을 맺어 줬죠. 내가 쓰고 싶은 글을 다 쓰면 글쓰기 친구에게 가지고 가 읽어 달라고 합니다. 물론 나도 글쓰기 친구의 글을 읽어 주고요.

서로의 글을 바꿔 읽은 뒤에는 자신의 생각을 말이나 글로 피드백해 줍니다. 친구가 준 피드백을 듣고 내용을 수정하기도 하고요. 어떻게 생각하면 글쓰기 품앗이라고 할 수도 있겠네요.

사실 대부분의 글쓰기 수업에서는 어떻게 쓸 것인가에만 집중합니다. 누구와 읽을지, 누구에게 읽힐 것인지에 대해서는 그다지 관심이 없죠. 하지만 모든 작가가 독자의 관심을 먹고 자랍니다. 내 글을 읽어 주는 사람이 있어야 쓸 맛이 나니까요.

생각해 보세요. 아무에게도 보여 주지 않고 혼자서 계속 글을 쓰는 건 좀처럼 흥미를 느끼기 어려운 일 아닌가요? 그래서 작가들이 SNS에 글을 올리고, 책을 내는 것이죠. 이렇듯 글을 쓰는 사람들은 초등학생이든, 중학생이든, 전업 작가든 모두 다 독자와 소통하고 싶어 합니다. 한마디로 내 글을 읽어 주는 사람을 기다리는 것이죠.

내 글을 읽어 줄 누군가가 있다는 것, 이것 하나만으로도 아이들은 글을 쓸 동기를 얻습니다.

· 함께 글을 쓸 사람이 있다 ·

글쓰기 친구는 글을 읽어 주는 역할만 하는 건 아닙니다. 더 중요한 건 함께 쓸 수 있다는 거죠.

우리 반 아이들은 두 명 혹은 세 명이 하나의 글쓰기 친구로 묶여 있습니다. 이 아이들이 같은 공간에 모여 같은 주제로 글을 쓰죠. 제가 글쓰기 주제를 줄 때도 있지만 그보다는 자기들끼리 상의해서 글감 정하는 걸 좋아합니다. 자기들 나름대로의 공감대가 있어서일까요?

여하튼 우리 반 학생들은 이렇게 글쓰기 친구와 함께 모여 글을 쓰는 걸 즐깁니다.

처음에는 '혼자 쓰면 되지 왜 같이 쓰는 걸 좋아할까?' 싶었습니다. 그러다가 제 학창 시절을 떠올려 봤죠. 그러자 왜 그렇게 아이들이 함께 글쓰기하는 걸 좋아하는지 이해하게 되었습니다.

저는 중·고교 시절 시험 기간이 되면 친구들과 함께 도서관에 가는 걸 좋아했습니다. 친구들과 같은 곳을 보면서 노력할 수 있다는 소속감 같은 걸 느꼈던 것 같습니다. 공부하기 싫은 날에도 친구들과 함께 공부하다 보니 은근히 재미를 느끼게 될 때도 있었고요.

누군가와 함께한다는 것, 함께할 사람이 있다는 것, 이게 생각보다 큰 유인 요소로 작용하는 경우가 많습니다. 특히 주변 환경에 영향을 잘 받는 초등학생에게 미치는 영향력은 더 크고요.

아이에게 글쓰기 친구가 있나요? 아직 없다면 오늘 당장 글쓰기 친구로 적당한 친구가 누구일지 떠올려 보세요. 오래전부터 알고 지내던 캠핑 친구, 학원 친구, 놀이터 친구 중에서 찾아봐도 좋습니다. 형제, 자매도 물론 좋고요. 동갑내기 친구가 아니어도 됩니다. 중요한 건 나이가 아니라 글쓰기에 관심이 있는지, 어느 정도 글쓰기 실력을 가지고 있는지니까요.

자, 다음 빈칸을 채워 보며 오늘 당장 글쓰기 친구를 만들어 보세요.

1. 글쓰기 친구가 될 만한 아이를 우리 아이와 함께 떠올려 보세요.

2. 어떻게 하면 그 아이와 글쓰기 친구가 될 수 있을지 우리 아이와 이야기해 보세요.

3. 글쓰기 친구의 이름을 적어 보세요.

엄마, 아빠가
먼저 쓰기

"부모는 아이의 거울이다."

이 말은 전 세계의 부모를 긴장하게 만듭니다. 아이를 키워 본 경험이 있다면 누구나 공감할 것입니다. 아이는 부모가 하는 말과 행동을 그대로 따라 하는 경향이 있습니다.

제 아이는 돌이 지나면서부터 제 걸음걸이를 따라 하기 시작했습니다. "이렇게 걷는 거야."라고 말해 준 적도 없는데 알아서 따라 하더군요. 청소하는 방법을 설명해 준 적이 없는데 청소기를 들고 거실을 돌아다니던 날에는 정말 깜짝 놀랐습니다. 할머니와 오랜 시간을 보낸 날에는 제 어머니가 하시던 행동을 따라 하기도 했습니다.

이렇게 아이들은 시키지 않아도 자주 보는 행동을 스펀지처럼 흡수하는 능력을 가지고 있습니다. 이건 과학적으로 설명하기 어려운 초능력이 분명합니다.

이런 초능력을 가진 아이라면 글쓰기 정도야 무리 없이 잘 해낼 수 있지 않을까요? 단, 전제 조건이 있습니다. 제가 아이에게 걷는 모습이나 청소하는 모습을 보여 주었던 것처럼 부모가 글 쓰는 모습을 아이에게 보여 줘야 합니다. 글을 쓰라고 말만 할 게 아니라 직접 글을 써야 합니다.

· 학습은 관찰을 통해 이루어진다 ·

이탈리아의 신경심리학자 자코모 리촐라티 교수는 뇌 속에 타인을 따라 하게 만드는 신경세포가 있다는 사실을 밝혀냈습니다. 그가 발견한 신경세포는 바로 '거울 뉴런(mirror neuron)'입니다.

리촐라티 교수 연구진은 원숭이 실험을 하던 중 신기한 사실 하나를 발견합니다. 한 원숭이가 다른 원숭이의 행동을 보기만 했을 뿐인데 자기 스스로 움직일 때처럼 뇌 속의 뉴런들이 움직인 겁니다.

이 발견을 계기로 연구가 진행된 결과, 원숭이를 포함한 영장류들은 직접 체험하지 않고 보는 것만으로도 간접 체험이 가능하다는 게 알려졌습니다. 또한 간접 체험을 통해 그 행동을 따라 할 수 있는 능력을 갖추게 된다는 사실이 밝혀졌습니다.

교육학자들과 심리학자들은 이걸 모델링(modeling)이라고 부릅니다. 시범, 본보기를 보여 주면 거울 뉴런이 작동되어 그걸 배울 수 있다는 것입니다. 이와 비슷한 이야기를 사회인지 학습이론의 창시자인 앨버트 반두라 교수도 한 적이 있습니다.

그 전에 행동주의에 대해 알아 보겠습니다. 1960년 무렵에는 행동주의가 대세 이론이었습니다. 행동주의라는 단어가 조금 생소할 수 있어 간단히 예를 들어 설명하겠습니다.

가령 아이가 글쓰기를 하게 만들고 싶다면 (행동) 보상과 처벌 딱 두 가지만 하면 됩니다. 보상은 어떤 물질이나 칭찬을 뜻합니다. 글쓰기를 할 때마다 먹을 것이나 돈을 주는 것, 잘한다고 칭찬해 주는 것입니다. 처벌은 말 그대로 벌을 주는 것이죠. 글쓰기를 안 하면 글쓰기를 세 장 하도록 시키거나 육체적으로 힘들게 하는 것입니다. 보상과 처벌만 있으면 어떤 행동이든 만들어 낼 수 있다는 게 행동주의의 기본 전제입니다. 지금 우리가 많이 사용하고 있는 방법이죠.

· 행동을 만드는 세 가지, 보상과 처벌과 관찰 ·

보상과 처벌로 원하는 행동을 만들어 낼 수 있다는 행동주의 이론은 앨버트 반두라 교수의 '보보 인형 실험(Bobo doll experiment)'을 통해 위기를 맞게 됩니다.

1961년에 실시된 보보 인형 실험은 3~6세의 아이들을 대상으로 설계되었습니다. 실험은 비교적 간단했는데, 어른이 보보 인형을 때리고 노는 것(공격적인 행동)을 바라본 아이는 나중에 보보 인형을 보았을 때 똑같이 때리는 행동을 한다는 것이었습니다.

공격적인 언어를 사용했을 때도 마찬가지였습니다. 보보 인형에게 욕을 하고 비속어를 쓰는 것을 본 아이는 나중에 보보 인형을 만났을 때 비슷한 욕설을 내뱉었다고 합니다.

반두라 교수는 보보 인형 실험을 통해 다른 사람의 행동을 관찰하는 것만으로도 인간의 인지, 행동, 정서에 변화가 생긴다는 것을 밝혀냈습니다. 그동안 머릿속으로만 알고 있던 것을 실험을 통해 객관적으로 증명해 낸 것입니다.

행동주의에서 말하는 보상과 처벌만이 아니라 관찰을 통해서도 행동을 만들어 낼 수 있다는 것을 밝혀냄으로써 반두라 교수는 학계의 인정을 받았습니다.

· 독서 좋아하는 가정에서 책읽기 좋아하는 아이 나온다 ·

보보 인형 실험에 대해 처음 들은 분도 관찰을 통해 학습이 이루어진다는 것을 경험적으로 알고 있을 겁니다. 아빠, 엄마가 독서를 좋아하는 가정의 아이는 독서를 좋아하는 경우가 많습니다. 운동을 좋아하는 가정의 아이가 운동을 좋아하고, 잘하는 것도 같은 원리고요.

앞에서 아이가 글쓰기를 좋아하게 만들고 싶다면 부모가 먼저 글쓰기를 해야 한다고 말한 것, 기억하시죠? 그 바탕에 '거울 뉴런'과 '보보 인형 실험'이란 근거가 있는 것입니다.

내가 잘해야 우리 아이가 잘할 수 있습니다. 그러니 글쓰기를 좋아하는 아이를 만들고 싶다면 당장 오늘부터 부모가 먼저 쓰는 모습을 보여 주세요. 부모가 생각하고 고민하면서 글을 쓰는 모습을 보는 것만으로도 아이의 거울 뉴런은 움직일 준비를 할 테니까요.

칭찬하고
격려하기

아이가 쓴 글을 읽은 부모가 보이는 반응은 대체로 이렇습니다.

"우와! 오늘 글을 이렇게 많이 썼다고? 진짜 잘했네."

"지원이가 글을 잘 쓰는구나. 역시 우리 아들 똑똑하네."

"벌써 글쓰기 다 했어? 우리 채연이 글솜씨는 역시 타고났어!"

"글쓰기 다 했어? 역시 우리 보검이 최고네!"

그런가 하면 이렇게 반응하는 부모도 있지요.

"우와! 오늘 지원이가 쓴 글을 보니 열심히 노력한 것 같구나."

"오늘 글쓰기를 보니까 지난주 글보다 훨씬 좋아진 것 같아!"

"엄마가 가만히 지켜보니까 어제 썼던 글보다 훨씬 이해하기 쉬운 것 같은데?"

"이렇게 쓰는 게 쉽지 않았을 텐데, 포기하지 않고 마무리를 잘한 것 같구나."

위는 칭찬과 관련된 표현이고, 아래는 격려와 관련된 표현입니다. 여러분은 어떤 표현을 더 많이 사용하시나요?

· 칭찬과 격려의 차이 ·

 칭찬과 격려는 비슷한 것 아니냐고 생각하는 사람이 많습니다. 그런데 정말 비슷할까요? 우선 칭찬과 격려의 차이를 알아보기 위해 국어사전에서 두 낱말의 뜻을 찾아봤습니다.

> 칭찬 : 좋은 점이나 착하고 훌륭한 일을 높이 평가하는 것
> 격려 : 용기나 의욕이 솟아나도록 북돋워 주는 것

 뜻을 살펴보니 같은 단어는 아닌 것 같습니다. 유의어를 살펴보면 두 낱말의 뜻에 차이가 있다는 걸 더 확실하게 알 수 있죠. 칭찬의 유의어는 '칭송, 갈채, 찬양'이고, 격려의 유의어는 '독려, 고무, 고취'입니다. 칭찬은 잘했다고 말하고 인정해 주는 것, 격려는 미래에 더 잘할 수 있게 만들어 주는 것이라는 생각이 드는군요.
 『교실 심리학』의 저자(이해중)를 포함한 격려 전문가들은 칭찬과 격려를 다음과 같이 구분합니다. 사람과 사람의 행동 중 무엇에 초점을 맞추느냐 하는 것입니다. '칭찬'은 보통 사람에 무게를 두고 있습니다. 위에서 예로 든 칭찬의 말을 다시 한 번 살펴볼까요?

> ☑ "지원이가 글을 잘 쓰는구나. 역시 우리 아들 똑똑하네."
> ☑ "벌써 글쓰기 다 했어? 우리 채연이 글솜씨는 역시 타고났어!"
> ☑ "글쓰기 다 했어? 우리 보검이 최고네!"

세 문장 모두 사람에 집중하고 있습니다. 그리고 그가 가진 재능을 높이 평가하고 있죠. 어떤 행동을 통해 이런 결과를 거두게 되었는지에 대한 이야기는 빠져 있습니다.

반면 '격려'는 사람의 행동에 무게를 두고 있습니다.

> ☑ "우와! 오늘 지원이가 쓴 글을 보니 열심히 노력한 것 같구나."
> ☑ "오늘 글쓰기를 보니까 지난주 글보다 훨씬 좋아진 것 같아!"
> ☑ "이렇게 쓰는 게 쉽지 않았을 텐데, 포기하지 않고 마무리를 잘한 것 같구나."

보다시피 어떤 행동으로 이런 결과가 만들어졌는지에 대한 이야기가 담겨 있습니다. 단순히 네가 똑똑하고, 타고났고, 최고라고 하지 않고 어떤 과정을 통해 어떤 행동을 했기 때문에 잘했다는 게 드러나 있습니다. 사람보다는 행동에 집중하고 있죠.

아름아동심리발달연구소의 김이경 실장은 칭찬과 격려를 구분하는 두 번째 기준으로 '말하는 타이밍'을 꼽습니다. 칭찬은 주로 어떤 결과가 나온 다음에 말하게 된다는 것입니다. 그리고 좋은 결과를 거두었을 때 하게 되죠. 잘못하거나 실패했을 때 칭찬하는 경우는 없습니다. 칭찬은 잘했다고 말하고 인정해 주는 것이니까요.

반면 격려는 결과가 나오지 않은 상태, 과정 중에도 언제나 할 수 있습니다. 또한 실패해서 낙담에 빠졌을 때도 할 수 있습니다. 격려는 용기를 내도록 북돋워 주는 것이니까요.

· 글쓰기에 필요한 피드백은 칭찬보다 격려다 ·

아이의 글을 읽은 뒤에는 칭찬보다 격려를 해 주는 게 좋습니다. 물론 잘한 점을 칭찬해 주는 것은 좋지만 잘못 칭찬하게 되면 오히려 안 하느니만 못한 효과를 낼 수도 있기 때문입니다.

부모는 다음 두 가지 유형의 칭찬을 많이 합니다. "우리 ○○, 글 정말 잘 썼네.", "와, 이렇게 글 잘 쓰는 사람이 있을까? 정말 최고야!" 아이가 처음 이런 칭찬을 들었을 때는 굉장히 좋아합니다. 얼굴에는 미소를 띠고 마음속으로는 고래처럼 춤을 추고 있을 수도 있죠.

그런데 이런 칭찬이 계속되면 어떨까요? 나중에는 처음에 한 칭찬보다 과장해서 해 줘야만 반응이 나타날 수 있습니다. 그리고 칭찬을 받지 않은 날에는 "오늘은 왜 칭찬을 안 해 주지? 내가 잘 못해서 그런가?"라는 생각을 갖게 될 수도 있고요.

또한 두 가지 유형 모두 능력을 칭찬하는 것이기 때문에 '나는 원래 글쓰기를 잘하게 타고났나 보다.', '나는 글솜씨가 있는 편인가 보네.'라는 생각을 하게 될 수 있습니다. 원인을 노력이 아닌 재능이나 능력으로 돌리는 순간, 앞으로의 발전 가능성은 급격하게 낮아집니다.

원하는 결과를 거둔다면 재능이 있는 게 좋겠지만, 원치 않는 결과가 나올 경우 '어차피 난 재능이 없어서 이렇게 된 거야.'라고 생각할 수 있으니까요. 그렇기 때문에 글쓰기에서는 칭찬보다 격려를 해 주는 게 좋습니다. 중요한 건 앞으로 더 성장해 나가는 것이니까요.

· 다섯 가지 격려의 말 ·

아이의 글을 읽은 다음에는 이렇게 격려해 주세요. 한 번 익혀 두면 두고두고 써먹을 수 있는 다섯 가지 격려의 말을 소개합니다.

☑ "지난번보다"
과거에 비해 성장하고 있다는 이야기는 누구에게나 용기를 주는 말입니다. "지난번보다 글이 매끄러운데?", "지난번보다 근거가 탄탄한데?"라는 이야기를 듣는다면 더 잘 쓰고 싶은 의욕이 생기겠죠?
'지난번보다'와 비슷하지만 사용하지 말아야 할 말도 있습니다. 바로 타인과 비교하는 '○○보다'입니다. "지영이보다 잘 썼는데?", "영호보다 중심 문장과 뒷받침 문장 사이의 관계가 좋던데?"처럼 타인과 비교하는 것은 격려라고 하기 어렵습니다. 비교 대상은 타인이 아니라 과거의 나라는 것을 아이들에게 말해 주세요.

☑ "점점"
우리 반 아이들에게 가장 자주 사용하는 부사입니다. '점점'이라는 말은 한도가 없죠. 글쓰기 초보 때도, 중수 때도, 고수 때도 사용할 수 있습니다. 현재진행형으로 성장하고 있음을 느끼게 해 주는 '점점'은 가성비 좋은 단어입니다.

☑ "오늘은 더 노력하는 것 같은데?"
아이들의 성취는 '무엇을 얼마나 노력해서 배웠는지'와 연결해서 말해 주는 게 좋습니다. 자연스럽게 노력의 중요성을 이야기해 주면 아이들도 노력이 중요하다는 것을 무의식적으로 인식하게 되죠. "오늘은 더 노력하는 것 같은데?"라는 이야기를 해 주면 노력하지 않던 아이들도 '내가 어제보단 조금 더 노력하고 있는 건가?'라고 생각하게 됩니다. 이런 생각은 '진짜' 노력으로 이어지게 되고요.

☑ "기분 좋겠다."

"와! 오늘 글을 매끄럽게 써서 기분 좋겠다."라는 말을 들으면 어떤 생각을 하게 될까요? 우리 부모님이 내 마음을 읽어 주고 공감해 준다는 생각을 하게 됩니다. 내 마음을 알아주는 든든한 지원군이 있으니 더 잘하고 싶은 마음이 들겠죠?

☑ "어려웠을 텐데 집중해서 끝내다니, 대단하네!"

좋은 결과, 뛰어난 결과를 거두지 않더라도 격려해 줄 수 있습니다. 특히 어려운 과제를 해결한 아이에게 던지는 격려는 빛을 발하죠. "어려웠을 텐데 집중해서 끝내다니, 대단하네!"라는 말은 아이의 과제집착력을 인정해 주는 격려의 언어입니다.

이런 격려를 자주 받게 되면 아이들은 자기 수준을 넘어서는 과제를 마주하더라도 쉽게 포기하지 않습니다. 글을 쓰다 막혀도 '에이, 그만 써야겠다.'라며 놔 버리지 않습니다. 나는 어려운 과제도 집중해서 끝낼 수 있는 끈기가 있다고 믿고 있으니까요.

다섯 가지 격려의 말, 어렵지 않죠? 이 표현들이 입에 익숙해지면 누구나 격려의 달인이 될 수 있습니다.

격려라는 개념을 조금 더 확장시켜 볼 수도 있습니다. 일반적으로 격려는 타인에게 해 주는 것입니다. 글쓰기의 경우 글을 읽은 이가 글쓴이에게 해 주는 것이죠. 그런데 자기가 자기에게 격려를 해 줄 수도 있습니다. 바로 자기 격려입니다. 스스로를 칭찬해 주는 셀프 칭찬이 있듯이 격려도 셀프로 할 수 있습니다.

하루 한 장 글을 쓰고 있는데 설사 오늘의 글이 만족스럽지 않더라도 "괜찮아, 다음번에 잘하면 되지. 내일은 오늘보다 조금 더 노력해

봐야겠다."라고 스스로 격려한다면 어떤 변화가 생길까요? 글쓰기 실력은 물론이고 나 자신을 소중하게 여기는 자존감도 기를 수 있지 않을까요?

아이가 이렇게 자기 격려를 잘하기 위해서는 한 가지 전제 조건이 필요합니다. 부모님이 자주 격려해 주는 것입니다. 고기도 먹어 본 사람이 맛을 잘 아는 것처럼 격려를 많이 받아 본 아이가 자기 격려도 잘합니다.

8장

많이 읽으면
잘 쓸 수 있을까?

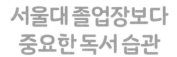

서울대 졸업장보다
중요한 독서 습관

"하버드대 졸업장보다 독서하는 습관이 더 중요하다."

마이크로소프트의 창업자 빌 게이츠가 한 말입니다. 실제로 빌 게이츠는 창업을 위해 하버드대를 중퇴한 것으로 유명하죠.

"지금의 나를 있게 한 것은 마을의 작은 도서관"이라고 한 자신의 말에 책임이라도 지듯 빌 게이츠는 지금도 왕성한 '독서력'을 보이고 있습니다. 자신의 블로그 '게이츠 노트(The Gates Notes)'에 읽은 책에 대한 리뷰를 꾸준히 올리고 있으니까요.

미국의 한 매체를 통해 밝힌 그의 독서 방법 중 한 가지도 "Block out an hour. At least.", 즉 "적어도 1시간은 반드시 독서한다."입니다. 꾸준한 독서의 중요성과 그에 대한 실천을 암시하는 말이죠.

· 빌 게이츠, 워런 버핏, 버락 오바마의 공통점 ·

독서의 중요성을 강조한 것은 빌 게이츠뿐만이 아닙니다. '투자의 귀재'로 불리는 미국의 투자가 워런 버핏 또한 독서광으로 알려져 있습니다. 한 번 자리에 앉으면 한 권을 통째로 읽거나 하루에 다섯 권을 읽는 날도 있다고 합니다. 대한민국 성인의 연간 독서량이 8.3권이라고 하니 워런 버핏이 읽어 내는 책의 양은 정말 엄청나죠?

미국인이 사랑하는 버락 오바마 전 대통령 또한 소문난 독서광입니다. 대통령 자리를 유지하게 해 준 비결로 독서를 꼽았을 정도입니다. 일이 급하게 돌아갈수록 마음의 여유를 갖고 다양한 입장에서 생각해 보는 능력이 독서에서 비롯한 것이라고 말하기도 했죠. 오바마 전 대통령 또한 빌 게이츠처럼 아무리 피곤해도 잠자리에 들기 전에 1시간씩 책을 읽었다고 합니다.

빌 게이츠, 워런 버핏, 버락 오바마처럼 세계적인 부호나 성공한 사람들이 공통적으로 가지고 있는 공통점, 그것은 바로 '독서 습관'입니다. 이왕 독서 습관을 가져야 한다면 빨리 가질수록 좋겠죠? 중학생 때보다는 초등학생 때, 초등학생 때보다는 초등학교 입학 전에 갖는 게 좋습니다. 빠르면 빠를수록 좋은 것이 독서 습관입니다.

· 문해력 발달의 결정적 시기는 초등 6학년까지 ·

초등학교 시절에 독서를 습관처럼 몸에 배게 하면 어떤 점이 좋을까요? 여러 가지가 있지만 딱 한 가지만 꼽자면 '결정적 시기를 놓치지 않을 수 있는 것'이 아닐까 싶습니다.

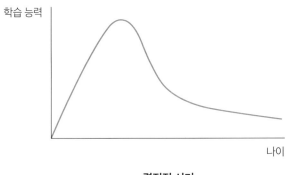

결정적 시기

언어교육학자들이 강조하는 개념 중에 '결정적 시기(critical period)'라는 게 있습니다. 이 이론을 가장 먼저 발표한 건 캐나다의 신경외과 의사인 와일더 펜필드 교수입니다. 1967년에는 미국의 언어학자 에릭 레너버그 교수가 『언어의 생물학적 기초』라는 책을 써서 대중에게 이 개념을 알렸습니다.

보통 '아이가 성인보다 영어를 더 빨리 배운다.'고 하는데, 이것이 결정적 시기 이론과 연결되는 내용입니다. 언어를 습득하는 데에는 생물학적으로 결정적 시기(약 2세에서 12~13세인 사춘기 이전까지)가 있다는 것이죠. 초등학생은 결정적 시기가 진행되는 중이기 때문에 성인보다 쉽게 언어를 배울 수 있습니다. 만약 이 시기를 놓치면 언어 습득에 어려움을 겪게 되고요.

언어를 습득하는 데 있어 특정한 시기가 중요하다고 주장한 학자가 또 있습니다. 현대 언어학의 아버지로 불리는 노암 촘스키 교수입니다. 그는 언어습득장치(LAD: Language Acquisition Device) 이론을 주장했습니다. 인간의 뇌 속에 언어 습득을 도와주는 특수한 장치가 있다는 것이 이 이론의 핵심이죠. 이 장치로 인해 아이들이 자연스럽게 모국어를 습득하게 된다는 것입니다.

그런데 여기서 반드시 짚고 넘어갈 사실이 있습니다. 언어습득장치가 12~13세 때 급격하게 사라진다는 것입니다. 그렇기 때문에 그 전에 언어와 접촉하는 기회를 자주 가져야 합니다.

와일더 펜필드, 에릭 레너버그, 노암 촘스키는 공통적으로 '결정적 시기'의 중요성을 강조합니다. 이들이 주장하는 결정적 시기는 바로 초등학교 6학년까지입니다. 이때 독서를 많이 하면 어휘력이 폭발적으로 늘어나는데, 어휘력의 증가는 글을 읽고 쓰고 이해하는 능력인 문해력과 연결됩니다.

문해력은 아이들의 생활과 생각하는 사고방식을 좌우하는 중요한 능력이기 때문에 아동기에 반드시 획득되어야 합니다. 그렇다면 초등학교 시절의 독서 습관은 충분 조건이 아닌 필요 조건 아닐까요?

· 독서 습관을 만드는 세 가지 방법 ·

이제 서울대 졸업장보다 중요한 독서 습관을 기르는 방법에 대해 이야기해 보겠습니다. 그 전에 습관에 대해 잠깐 생각해 봅시다. 습관(習慣)이라는 단어는 두 개의 한자어로 이루어졌습니다. 습(習)은 몸에 익혀졌다는 뜻이고, 관(慣)은 버릇이라는 뜻입니다. 즉 습관이란 오랫동안 반복하면서 몸에 익혀진 행동, 버릇을 의미합니다.

여기서 중요한 단어는 '반복'입니다. 독서 습관을 기르기 위해서는 같은 행동을 여러 차례 반복해야 합니다. 그래야만 몸에 새겨질 수 있습니다. 다음에 소개하는 세 가지 방법을 꾸준히 반복하는 것, 절대

잊지 마세요.

하나, 책 읽는 시간 정하기

특정한 행동을 반복하는 데 있어 가장 효과적인 방법은 시간을 정해 두는 것입니다. 인간 시계라고 불렸던 독일 철학자 임마누엘 칸트는 매일 새벽 다섯 시에 일어나고 오후 3시 30분에는 산책을 했다고 합니다. 오후 3시 30분부터는 다른 약속을 일절 잡지 않고 무조건 산책을 한 것이죠. 이처럼 뚜렷하게 스케줄 관리를 했기 때문에 하루도 빠지지 않고 산책을 반복할 수 있었습니다.

독서도 마찬가지입니다. 하루에 10분, 하루에 한 쪽이라도 좋으니 시간을 정해 놓고 책을 읽는 연습을 하는 것이 좋습니다. 아침에 학교 가기 전 10분, 잠자기 전 20분, 저녁 식사 후 30분처럼 구체적인 시간을 정하고 그 시간이 되면 무조건 책을 펴는 것이죠.

이런 생활을 반복하다 보면 독서가 생활의 한 부분이 됩니다. 어느날 일이 생겨 책을 읽지 못하는 상황이 되면 "어? 지금 책 읽는 시간인데?"라는 이야기가 나오게 되겠죠. 이것이 바로 무의식의 힘입니다.

둘, 부모님과 같이 읽기

전국의 모든 부모가 독서의 중요성을 강조하지만 실제 독서를 함께하는 가정은 찾아보기 어렵습니다. 문화체육관광부가 발표한 2017년 국민독서실태조사 결과만 봐도 알 수 있죠.

우리나라 성인의 연간 독서량은 8.3권으로 나타났습니다. 한 달에 한 권도 읽지 않는다는 뜻이죠. 반면 초등학생의 독서량은 67.1권입니다. 자녀가 부모보다 더 많이 읽는다는 뜻입니다. 그런데도 부모는

"TV 보지 말고 책 읽을래?", "스마트폰 그만하고 책 봐야지?"라고 말합니다. 정작 본인은 책 한 권 읽지 않으면서 말이죠.

부모는 거실에서 TV를 보면서 아이에게는 책을 읽으라고 강요한다면 과연 독서가 즐거운 것이 될 수 있을까요? 부모의 눈초리를 못 견뎌 방에 들어갔지만 머릿속으로는 '엄마, 아빠는 TV를 보면서 왜 나한테는 책을 읽으라는 거지? 나도 TV 보고 싶은데.'라는 불평이 생길 수밖에 없습니다. 눈으로는 책을 보면서 머릿속으로는 다른 생각을 할 수도 있고요. 강제적인 독서는 아이를 책에서 멀어지게 합니다.

부모가 먼저 솔선수범해야 합니다. 그게 어렵다면 모범을 보이는 척이라도 해야 합니다. 진심을 다해 읽지 않더라도 아이 앞에서 책 읽는 모습을 보여 줘야 합니다. 그래야 아이들도 '엄마, 아빠도 책을 읽는구나. 아빠는 책 읽는 게 재미있을까?', '엄마도 책 읽으시잖아? 나도 옆에서 같이 읽어야겠다.' 같은 생각을 하게 됩니다.

부모와 함께 나란히 앉아 책을 읽는 것, 부모가 아이에게 책을 읽어 주는 것, 부모와 아이가 같은 책을 읽고 이야기 나누는 것. 아이의 독서 습관을 길러 주는 좋은 방법입니다.

셋, 독서 노트 만들기

해마다 67권을 읽더라도 기록해 두지 않으면 다음 같은 상황이 발생할 수 있습니다. "이 책은 읽은 것 같기도 하고 아닌 것 같기도 한데…. 엄마, 저 이 책 읽었어요?" 아이와 함께 책을 골라 본 경험이 있는 부모라면 한 번쯤 겪었을 일이죠.

한 번 읽는 것만으로는 머릿속에 오랫동안 기억되기 힘듭니다. 다음 날에는 생생하게 기억나는 것 같아도 일주일만 지나면 어떤 내용이었는지 가물가물해집니다. 인간은 망각의 동물이니까요. 망각을 희석시켜 주는 유일한 방법이 기록입니다. 그런 점에서 한 권의 책을 읽은 다음에는 간단하게 독서 노트를 기록하는 것이 좋습니다.

물론 독서교육 전문가 중에는 독후 활동을 권장하지 않는 경우도 있습니다. 독후 활동에 부담감을 느껴 독서에 부정적인 감정을 갖는 아이들이 있기 때문입니다. 일리 있는 이야기입니다.

하지만 이런 경우 어떤 독후 활동 과제가 제시되는지 살펴볼 필요가 있습니다. 아이의 흥미와 무관하게 '책 읽은 소감을 A4 한 장에 빼곡하게 쓰기'나 '책을 읽고 느낀 점을 백지에 그림으로 그리기' 같은 과제를 해야 한다면 어른도 고통스러울 것입니다.

독서 노트는 부담스럽지 않고 간단한 방법으로 기록하는 게 좋습니다. 읽은 날짜, 책 제목, 책 종류를 순서대로 기록하는 것입니다. 누적해서 기록을 해 두면 1년 동안 몇 권의 책을 읽었는지 파악할 수 있죠.

조금 더 욕심을 낸다면 기억에 남는 문장을 기록해 볼 것을 추천합

(   )월의 독서 노트

번호	읽은 날짜	책 제목	십진 분류
1			
기억에 남는 문장			
2			
기억에 남는 문장			
3			
기억에 남는 문장			

니다. 그러려면 책의 앞 장부터 다시 읽어야 하고, 자연스럽게 '반복 읽기'가 이루어집니다. 여러 개의 문장을 쓸 필요는 없습니다. 책 한 권에서 하나의 문장이라도 건지면 성공한 것이니까요.

조금 더 흥미를 유발할 수 있는 독서 노트 기록 방법은 독서 그래프 를 그려 보는 것입니다. 내가 주로 어떤 분야의 책을 선택하는지 자신 의 독서 취향을 알아볼 수 있게 해 주죠. 방법은 간단합니다. 한국십 진분류표(KDC)를 이용하는 것입니다.

이 방법을 사용하면 항상 같은 분야의 책만 보는 독서 편식을 막을 수 있습니다. 관심 주제 이외의 것을 읽어야겠다는 동기부여가 되기 도 하고요. 읽는 책의 분야가 다양해지면 세상을 바라보는 시야도 넓 어질 수 있습니다.

장점이 하나 더 있습니다. 평소 아이가 책을 읽을 때 "이 책은 어떤 분야의 책이지?"라는 생각을 하게 만들어 줍니다. 문헌정보학자들이 열 가지 그릇 안에 세상의 모든 지식과 지혜를 담으려고 했던 이유를 아이도 생각해 보는 것이죠. 이런 생각이 반복되면 도서관에 가서 어 느 분야의 서고로 향할지 고민할 필요가 없습니다. 내가 읽고 싶은 책 이 있는 분야로 자신 있게 걸어갈 테니까요.

(　　　)월의 독서 그래프

	000	100	200	300	400	500	600	700	800	900
20										
19										
18										
17										
16										
15										
14										
13										
12										
11										
10										
9										
8										
7										
6										
5										
4										
3										
2										
1										
권수	000	100	200	300	400	500	600	700	800	900
분류	총류	철학	종교	사회 과학	순수 과학	기술 과학	예술	언어	문학	역사

(　　　)월의 독서 성찰

많이 읽는 것보다
중요한 것

"책 많이 읽으면 자동적으로 잘 쓰게 되는 것 아닌가요?"

많은 사람이 이렇게 말합니다. 그런데 정말로 독서를 많이 하면 글을 잘 쓸 수 있을까요? 교사로서 십 년 넘게 아이들의 독서, 글쓰기 습관을 관찰해 보니 대체적으로 독서를 많이 하는 아이가 글을 잘 썼습니다. 그래서 독서를 많이 하면 글쓰기를 잘하게 되는 줄 알았습니다.

그런데 잘 생각해 보면 독서와 글쓰기는 전혀 다른 활동입니다. 독서는 책의 내용을 머릿속에 집어넣는 활동이고, 글쓰기는 머릿속에 있는 생각을 꺼내는 활동이니까요. 물건을 많이 사 봤다고 해서 물건을 잘 만들까요? 그렇지는 않죠.

이런 관점에서 생각해 보면 독서를 많이 한다는 게 꼭 글을 잘 쓰는 것과 연결된다고 말하기는 어려울 것 같습니다. 그런데 왜 많은 사람이 독서를 통해 글쓰기 실력을 키울 수 있다고 생각하는 걸까요?

· 글쓰기를 잘하려면 많이 읽어야 할까? ·

아이가 평소에 글쓰기도 잘 안 하는데 책까지 읽어야 한다면 부모 입장에서는 부담스러울 수밖에 없습니다. 하나도 제대로 못하는데 두 개를 해야 한다니 아이들에게 짐을 얹는 것 같은 기분이 들죠.

잘 쓰고 싶다면 많이 읽는 게 유리합니다. 많이 읽을수록 독해력이 늘고 늘어난 독해력이 글쓰기의 기초 체력이 되기 때문입니다. 그런 점에서 '글쓰기를 잘하려면 책을 많이 읽어야 한다.'는 조언은 타당성 있는 말이죠.

그런데 많이 읽는다고 해서 무조건 잘 쓰는 건 아닙니다. 우리 반에도 쓰지는 않고 읽기만 하는 아이들이 있습니다. 하루에 두세 권, 한 달이면 수십 권을 읽는 '독서광'도 있고요.

이런 아이들이 글쓰기도 잘할 거라고 생각했는데, 독서광 아이들 중에 한 문단도 제대로 못 쓰는 아이가 의외로 많았습니다. 아는 건 많지만 자신의 생각을 글로 표현하는 것에는 서툴렀습니다. 읽기만 했지 써 보지는 않았으니까요.

그래서 저는 '글쓰기를 잘하려면 책을 많이 읽어야 한다.'는 말은 반쪽짜리 조언이라고 생각합니다. 나머지 반쪽을 덧붙여서 이렇게 말하고 싶습니다. "글쓰기를 잘 하려면 책'도' 많이 읽어야 한다. 그런데 무엇보다 중요한 건 많이 써 보는 것이다."

· 읽었으면 써야 한다 ·

읽는 것으로 끝나서는 안 됩니다. 읽었으면 써야 합니다. 읽기가 글쓰기 실력을 키우는 데 도움을 주긴 하지만 결정적 원인은 아닙니다. 글쓰기 실력을 높이는 가장 확실한 방법은 읽는 것만큼, 또는 읽는 것보다 자주 글쓰기를 하는 것입니다. 이와 비슷한 이야기가 『논어』「위정(爲正)편」에도 나옵니다.

> 배우기만 하고 생각하지 않으면 쓸데없는 일을 하는 것이고,
> 생각하기만 하고 배우지 않으면 위태롭다.

저는 이 구절을 읽자마자 독서와 글쓰기가 떠올랐습니다. 배우는 것은 독서고 생각하는 것은 글쓰기가 아닐까 생각했죠. 그래서 이렇게 바꿔 보았습니다.

> 읽기만 하고 쓰지 않으면 쓸데없는 일을 하는 것이고,
> 쓰기만 하고 읽지 않으면 위태롭다.

독서와 글쓰기는 세트 메뉴입니다. 함께 맞물려 돌아가는 톱니바퀴라고 말할 수 있습니다. 그래서인지 전통적으로 글을 쓰는 작가들은 대부분 독서광으로 알려져 있죠.

유배지에서 500여 권의 책을 저술했다고 알려진 다산 정약용, 전쟁

중에도 읽고 쓰는 것을 멈추지 않았다는 어니스트 헤밍웨이, 책을 쓰는 시간을 제외한 대부분의 시간을 영미 소설 읽는 데 사용한다는 무라카미 하루키. 이들의 공통점은 읽고 쓰고, 쓰고 읽기를 무수히 반복했다는 것입니다. 많이 읽어야 잘 쓴다는 것, 많이 써 봐야 잘 쓴다는 것. 이 두 가지는 세상의 모든 글쓰기 책에서 공통적으로 강조하는 글쓰기를 잘하는 법'입니다.

독서와 글쓰기가 몸에 익은 아이들은 저에게 이런 후기들을 들려줬습니다. "글쓰기를 하다 보니 전에 읽은 책 내용이 생각나서 그것도 썼어요.", "예전에는 별 생각 없이 글을 읽었는데 요즘에는 글이 어떻게 씌어졌는지 생각하며 읽게 돼요. 나중에 저도 이렇게 쓰면 어떨까 하는 생각이 들어서요.", "책을 읽다가 나중에 쓰고 싶은 단어가 있어 따로 메모해 뒀어요."

· 독서와 글쓰기는 세트 메뉴 ·

글쓰기를 좋아하는 아이들은 독서가 글을 잘 쓰게 만들어 준다는 사실을 경험적으로 압니다. 앞으로는 무조건 '독서하자!'가 아니라 '잘 쓰기 위해 독서하자!'로 아이들을 독려해 주세요. 글쓰기 실력을 높이고 싶다면 많이 읽는 것만큼 많이 쓰는 게 중요하다는 사실도 꼭 이야기해 주고요. 독서와 글쓰기가 맞물려 돌아가는 그 순간, 아이들의 글쓰기 실력은 한 단계 업그레이드될 수 있습니다.

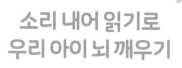

소리 내어 읽기로
우리 아이 뇌 깨우기

경전을 소리 내어 읽으며 외우는 서당의 아침 공부법을 '밑글'이라고 하는데, 보통 30분에서 1시간 정도 이어집니다. 밑글이 끝나면 아침을 먹고 붓글씨 공부를 합니다. 책의 내용을 따라 적는 필사라고 생각하면 될 것 같네요. 붓글씨 공부가 끝나면 다시 책을 읽습니다. 아침에 오자마자 읽고 붓글씨로 손을 푼 다음 이제 본격적으로 읽기 공부를 시작하는 것입니다.

소리 내어 읽기는 서당에서 가장 많은 비중을 차지했던 '서당 스타일' 공부법입니다. 실제로 오전에 2~3시간, 오후에 3~4시간 정도 책을 소리 내어 읽었다고 합니다. 하루에 7시간이나 책을 읽다니 실로 엄청난 양이죠?

· 훈장님은 왜 소리 내어 읽게 했을까? ·

당시 서당에서는 '독서백편의자현'이라는 고사성어를 공부의 중요한 원칙 중 하나로 생각했습니다. '독서백편의자현'이란 글이나 책을 백 번 읽으면 그 뜻이 저절로 이해된다는 뜻이죠.

여기서 백 번이라는 것은 무수한 반복을 의미합니다. '아무리 어려운 내용일지라도 반복해서 여러 번 읽으면 결국 이해가 된다.'는 것입니다. 반복해서 소리 내어 읽는 깃의 중요성을 함축하고 있는 말이죠. 단순히 암기하는 것을 넘어 암송이 가지는 가치를 이해하고 있었던 게 아닐까 싶습니다.

소리 내어 읽기는 서당뿐 아니라 조선 시대의 여러 교육기관에서 보편적으로 사용하던 공부법이었습니다. 지방의 교육기관인 향교나 조선 최고의 교육기관인 성균관의 유생들도 소리 내어 읽으며 주자학을 공부했다고 합니다.

영화나 드라마를 보면 늦은 밤 호롱불 아래 큰 소리로 책을 읽는 도련님의 모습이 심심치 않게 등장합니다. 방 안에서 작은 소리로 읊조리는 게 아니라 바깥까지 들리도록 또박또박 큰 소리로 책을 읽는 거죠. 예의범절을 배울 수 있는 『소학』, 관리들이 백성들을 다스리기 위한 지혜와 덕이 담긴 『대학』을 공부하는 대표적인 방법 또한 소리 내어 읽기였습니다.

· 소리 내어 읽기의 장점 ·

소리 내어 읽기는 우리나라에서만 사용된 방법이 아닙니다. 중국 학생들의 소리 내어 읽기 공부법이나 힌두교 경전 베다를 한 목소리로 읽는 인도 학생들의 모습은 매스컴을 통해 많이 알려져 있습니다.

서양에서도 오래전부터 비법 아닌 비법으로 소리 내어 읽기를 사용했습니다. 기독교와 가톨릭에서는 성경을 읽을 때 반드시 소리 내어 읽으라고 권장하죠. 소리 내어 읽는 활동이 머릿속에 의미를 각인시켜 주는 효과가 있기 때문입니다.

이처럼 소리 내어 읽기가 동서양을 막론하고 과거부터 내려오는 학습법임에도 '책은 조용히 눈으로 읽는 것'이라고 생각하는 부모가 의외로 많습니다. '조용한 분위기 속에 집중해서 읽어야만 내용 파악이 잘 된다.'고 생각하는 것 같습니다.

하지만 소리 내어 읽기는 학습 효율성을 높여 주는 꽤 괜찮은 공부 방법입니다. 초등학생 수준에서는 묵독보다 학습에 더 도움이 되고요. 조선 시대 서당에서 훈장님이 아이들에게 소리 내어 읽기라는 학습법을 사용한 것은 이런 장점 때문 아니었을까요? 소리 내어 읽기의 장점 몇 가지를 정리해 봤습니다.

소리 내어 읽기의 장점

☐ 하나, 한 문장 한 문장 집중해서 읽게 된다.
☐ 둘, 소리가 뇌 속에 이미지를 만들어 준다.
☐ 셋, 눈으로 보고, 귀로 듣기 때문에 암기가 잘 된다.
☐ 넷, 눈으로만 읽을 때보다 글의 내용을 잘 파악할 수 있다.
☐ 다섯, 스스로 올바른 발음으로 이야기하는지를 확인할 수 있다.
☐ 여섯, 문장 속에 담긴 리듬을 느낄 수 있다.
☐ 일곱, 말하는 것에 자신감이 생겨 발표력이 향상된다.

이렇듯 장점이 많은 소리 내어 읽기. 뇌과학 전문가들은 소리 내어

읽다 보면 잠들어 있던 뇌가 깨어나게 된다고 말합니다. 소리 내어 읽기와 관련된 전문가들의 연구 결과를 조금 더 소개해 보겠습니다.

· 뇌를 깨어나게 만드는 소리 내어 읽기 ·

1.3kg의 우주, 뇌는 심장과 함께 척추동물이라면 반드시 가지고 있어야 하는 신체 기관입니다. 1.3kg 정도밖에 안 되지만 무려 115억 개의 신경세포로 이루어졌다는 인간의 뇌. 그 비밀을 밝히기 위해 지금 이 시간에도 전 세계의 뇌과학자, 뇌공학자, 신경과학자 들이 연구실의 불을 밝히고 있습니다.

지금까지 알려진 것보다 아직 밝혀지지 않은 사실이 더 많은 게 인간의 뇌라고 합니다. 계속해서 탐구해야 할 미지의 영역이 많다는 뜻이죠. 문득 남아공 출신의 생명과학자 라이얼 왓슨이 했다는 "우리가 이해할 수 있을 정도로 두뇌가 단순했다면, 우리는 너무 단순해서 두뇌를 이해할 수 없었을 것이다."는 말이 떠오르네요.

학습은 뇌에서 일어납니다. 그래서 뇌를 빼놓고는 학습을 이야기할 수 없습니다. 뇌의 특성을 알면 보다 효율적인 학습법을 떠올릴 수 있죠. 이것이 우리가 뇌에 관심을 가져야 하는 이유입니다.

오랜 연구 끝에 뇌과학이 밝혀낸 '신경가소성(neuroplasticity)'이라는 개념이 있습니다. 뇌가소성이라고도 하죠. 학습 같은 외부 자극이나 경험에 의해 뇌가 유동적으로 변화한다는 것이 뇌가 가진 신경가소성입니다. 신경가소성을 조금 더 자세히 설명하기 위해서는 뉴런(neuron)이라고 하는 신경세포의 개념을 알아야 합니다.

뉴런 : 신경계와 신경조직을 이루는 신경계의 기본 단위

시냅스 : 뉴런들끼리 신호를 주고받는 통로

뉴런은 신경계와 신경조직을 이루는 신경계의 기본 단위입니다. 하나씩 독립되어 있는 게 아니라 서로 연결되어 있습니다. 뉴런끼리 연결되거나 뉴런과 다른 세포가 연결되어 있죠. 이렇게 연결돼 있는 관계나 연결된 부분을 시냅스(synapse)라고 합니다. 뉴런들끼리 신호를 주고받는 통로라고 할 수 있죠.

그런데 시냅스라는 게 조금 특별합니다. 파도처럼 자유분방하고 변화무쌍하죠. 연결되었다가 끊어지기도 하고, 연결돼 있는 길이가 변하기도 합니다. 새로 생겨나기도 하고요. 이렇듯 뇌의 신경경로인 시냅스가 재조직화되는 현상, 이게 바로 신경가소성입니다.

뇌는 이 성질 때문에 변할 수 있습니다. 어떤 외부 자극을 받는지, 어떻게 학습하는지, 어떤 경험을 하는지에 따라 성장할 수 있습니다. 그렇다면 어떻게 학습해야 시냅스를 활성화시켜 뇌를 변화하게 만들까요? 뉴런들 간의 연결을 복잡하게 만드는 방법은 무엇일까요?

그 방법은 능동적으로 참여하는 독서 방법인 소리 내어 읽기입니다. 서울대 의과대학 교수이며 가천대 뇌과학연구원장을 역임하고 있는 서유헌 교수의 연구를 통해 소리 내어 읽기의 효과를 확인해 볼 수 있습니다.

소리 내어 읽을 때와 소리 없이 읽을 때의 뇌세포 활성도 차이를 fMRI로 촬영해 보니, 큰 소리로 텍스트를 읽으면 언어정보처리와 관련된 상부 측두엽과 고등정신기능과 관련된 하부 전두엽이 활발하게 움직

였다고 합니다. 소리 내어 읽으면 뇌가 활성화된다는 사실을 과학적으로 증명해 준 연구 결과죠.

· 소리 내어 읽으면 기억이 잘 난다 ·

소리 내어 읽기가 뇌를 활성화시켜 기억하는 데 효과적이라는 사실을 뒷받침해 주는 연구는 많습니다. 그중 대표적인 게 2017년 과학전문저널 『기억(Memory)』에 실린 캐나다 워털루대학의 콜린 매클라우드 심리학과 교수와 그의 제자인 노아 포린의 연구 결과입니다.

매클라우드 교수팀은 95명의 참가자를 대상으로 실험을 진행했습니다. 소리 없이 조용히 읽기(묵독), 다른 사람이 읽어 주는 것 듣기, 자신이 미리 녹음한 내용 듣기, 실시간으로 소리 내어 읽기의 네 가지 방법으로 정보를 듣고 일정 시간이 지난 뒤 얼마나 기억하는지 확인하는 실험이었습니다.

어떤 게 가장 효과적이었을까요? 모두의 예상처럼 참가자들은 실시간으로 소리 내어 읽었을 때 가장 많이 기억해 냈습니다. 매클라우드 교수는 소리 내어 읽음으로써 기억력이 향상되는 효과를 '생산 효과(production effect)'라고 명명했습니다. 오래 기억하기 위해서는 눈으로 글을 보고, 입으로 글을 읽고, 귀로 글을 들어야 합니다.

기억해야 하는 중요한 내용이 있다면 소리 내어 읽자고 이야기해 주세요. 잠들어 있는 신경세포를 깨어나게 만드는 최상의 방법은 소리 내어 읽기입니다.

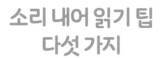

소리 내어 읽기 팁
다섯 가지

지금까지 소리 내어 읽기가 어떻게 사용되었고 그 효과는 어떠한지 알아봤습니다. 이제는 구체적으로 실천할 수 있는 방법에 대해 이야기할 차례네요.

무작정 책을 들고 소리 내어 읽으면 되는 걸까요? 그렇지는 않습니다. 소리 내어 읽기에도 방법이 있습니다. 초등학교 현장에서 아이들과 여러 종류의 책을 읽어 가며 깨닫게 된 해답을 공개합니다.

소리 내어 읽기를 도와 줄 다섯 가지 조언

☐ 첫 번째, 조금씩 매일 읽자.

☐ 두 번째, 듣는 사람 앞에서 읽자.

☐ 세 번째, 자문자답하며 읽자.

☐ 네 번째, 걸어 다니며 읽자.

☐ 다섯 번째, 소리 내어 읽기를 즐기자.

· 조금씩 매일 읽자 ·

소리 내어 읽기는 많은 에너지가 소비되는 일입니다. 주변에 있는 아무 책이나 집어 들고 10분만 소리 내어 읽어 보세요. 성량 조절을 잘 못하면 금방 목이 아파질지도 모릅니다. 아이들도 마찬가지입니다. 한 번 읽을 때 최대 20분을 넘지 않도록 확인해 주세요. 한 번에 너무 많이 읽게 되면 질려 버릴지도 모릅니다. 중요한 것은 많이 읽는 게 아니라 매일 꾸준하게 습관처럼 읽는 것입니다.

· 듣는 사람 앞에서 읽자 ·

작가는 자기 책을 읽어 주는 독자가 있기에 글쓰기를 즐길 수 있습니다. 글을 소리 내어 읽을 때도 내 목소리를 들어 줄 누군가가 있다면 더 즐겁게 읽을 수 있지 않을까?

청자(聽者)가 있는 음독(音讀)을 낭독(朗讀)이라고 합니다. 아이들에게 부모님과 가족 앞에서 낭독하는 시간을 마련해 주세요. 작가가 독자의 이해를 돕기 위해 글을 풀어서 쓰듯, 낭독을 통해 청자를 배려하는 말하기를 연습할 수 있습니다. 큰 소리로 천천히, 자신 있게 읽어야 한다는 점을 꼭 알려 주세요.

· 자문자답하며 읽자 ·

텍스트를 그대로 따라 읽는 초보적인 소리 내어 읽기의 다음 단계는 자문자답 읽기입니다. 텍스트를 읽고 떠오른 질문을 스스로에게 하는 거죠. 그런 다음 스스로 답을 하고요.

자문자답 읽기는 능동적 읽기의 대표적인 방법입니다. 실제로 EBS 다큐프라임 「왜 우리는 대학에 가는가?」에서 서울대 학생들의 '말문을 여는 공부법'으로도 소개된 바 있습니다.

스스로 질문을 던지면서 글을 소리 내어 읽게 되면 인과 과정을 고려하며 읽게 됩니다. 이 과정을 통해 내가 알고 있는 지식과 책 속 정보의 인과관계가 체계적으로 정리되는 것이지요.

· 걸어 다니며 읽자 ·

『순수이성비판』을 쓴 철학자 임마누엘 칸트는 매일 오후 3시 30분이 되면 하루도 빠뜨리지 않고 산책을 했다고 합니다. 대문호인 셰익스피어와 괴테도 식사를 마친 뒤에는 반드시 걸었다고 합니다.

베토벤도, 모차르트도, 우리나라의 김대중 전 대통령도 걸어 다니며 생각하는 것을 즐겼습니다. 왜 이들은 그렇게 걷기를 즐겼던 것일까요?

과학적으로 밝혀진 내용에 따르면 발바닥이 자극되면 뇌 활동이 활발해진다고 합니다. 발바닥에 있는 촉각 수용기가 자극을 받아들여 뇌로 신호를 보내기 때문이죠. 발바닥을 자극하는 간편한 방법은 걷기입니다. 소리 내어 읽기와 걷기를 동시에 한다면 뇌가 보다 빠르게 활성화되겠죠?

· 소리 내어 읽기를 즐기자 ·

어떤 일에 흥미를 가지고 오래 지속할 수 있는 방법은 그것을 놀이로 느끼는 것입니다. 아무리 재미있는 일이라도 누군가가 강제적으로 시켜서 마지못해 한다면 금방 싫증나 버릴 테니까요. 소리 내어 읽기가 효과적인 학습법이라 해도 억지로 시켜서는 안 됩니다. 즐거운 기분으로 즐길 수 있는 분위기를 만들어 줘야 합니다.

아이가 좋아하는 책을 소리 내어 읽게 해 주세요. 만약 아직 잘 읽지 못한다면 한 문장씩 나눠 함께 읽어 보세요. 읽기에 대한 부담감을 줄일 수 있습니다. 마음에 들게 잘 읽은 날에는 칭찬으로 샤워를 해 주세요. 이런 과정이 반복되다 보면 소리 내어 읽기를 즐기게 될 날이 부쩍 가까워질 것입니다.

동기부여 방법
세 가지

현장에 있는 교사들과 아이들의 독서와 글쓰기에 대한 이야기를 나누다 보면 공통적으로 나오는 이야기가 있습니다. 학생들의 동기부여가 안 된다는 것입니다. 보통 이렇게 넋두리를 하죠.

"우리 반 학생들 중 몇 명은 독서하고자 하는 의욕이 아예 없어 보여요."

"아이들이 글쓰기 수업에 흥미가 없어요."

"우리 반 아이 중 다섯 명은 완전히 귀차니즘에 빠졌어요."

"아무것도 쓰고 싶지 않다는 학생들에게는 어떻게 해 줘야 할지 모르겠어요."

이 문제는 비단 아이들에게만 해당되는 문제가 아닙니다. 학교 현장의 관리자는 교사들이 동기부여가 안 된다고 말합니다. 기업의 부장은 신입 사원이 배우고자 하는 동기가 없다고 하고요. 동기부여는 인간 세계에서 계속해서 풀어 가야 할 영원한 숙제일지도 모릅니다. 마치 우주의 신비처럼 말이죠.

· 교육자의 영원한 숙제, 동기부여 ·

동기(motive)는 특정 행동을 일으키게 하는 그 무엇입니다. 행동이 시작되게 만들고 행동을 지속할 수 있게 만들어 주는 힘이죠.

학습에서도 매우 중요한 영향을 미치는 것이 학습자의 학습 동기입니다. 학습 동기가 충분히 유발되어 있으면 어떤 것을 배울 때 추진력을 가지고 몰입해서 빠져들 수 있기 때문이죠. 독서든 글쓰기든 확실한 동기만 가지고 있다면 걱정할 필요가 없습니다. 하지만 현실은 녹록지 않죠.

우리 반 학생 두 명이 저를 찾아와 이렇게 말했습니다.

"선생님! 저는 독서를 하고 싶어 미치겠어요. 어서 책을 읽게 해 주세요."

"선생님! 오늘은 글쓰기 안 하나요? 글로 표현하고 싶은 생각이 있는데."

이렇게 동기부여가 되어 있는 아이가 학급당 몇 명이나 될까요? 아이의 학습 동기를 유발시켜 무언가를 배우고 싶게 만드는 것은 결코 쉽지 않은 일입니다. 어찌 보면 독서를 하거나 글쓰기를 하는 것에 흥미를 갖지 못하는 게 당연합니다.

세상의 모든 일이 그렇듯 동기부여에도 완벽한 방법이란 존재하지 않습니다. 상황에 따라 다르고 학생 변인에 따라 다르기 때문이죠. 어제는 동기로 작용한 것이 오늘은 전혀 동기가 되지 못하기도 합니다. 그래서 동기부여는 교육자의 영원한 숙제입니다.

그러나 문제가 아무리 어려워도 해법은 있겠죠? 저와 동료 교사들이 학교 현장에서 독서, 글쓰기 수업을 지도하며 알아낸 몇 가지 유용한 비결이 있습니다. 그중 가장 효과적이었던 세 가지를 소개합니다.

· 선택권을 주자 ·

아이들에게 선택권을 주는 것은 얼마나 중요한 일일까요? 애플의 수석 고문이자 전 교육 담당 부사장인 존 카우치는 그의 책『공부의 미래』에서 교사 멜리사 바틀릿의 이야기를 예로 들었습니다. 멜리사 바틀릿은 2003년 노스캐롤라이나주에서 '올해의 교사'로 꼽힌 바 있는 유능한 교사입니다.

그녀는 자신이 교사로서 성공할 수 있었던 비결은 학생들의 의견을 잘 활용했기 때문이라고 말합니다. 또 수업을 계획할 때부터 시작해서 마지막 평가할 때까지 학생들의 의견을 잘 활용하겠다는 마음가짐이 정말 중요한 요인이라고 말합니다.

학생의 의견을 활용한다는 것은 곧 학생의 의견을 반영한다는 의미입니다. 의견을 반영한다는 것은 의사결정의 선택권이 학생에게 있다는 말이고요. 학생을 존중하지 않으면서 과연 선택권을 줄 수 있을까요? 선택권을 준다는 것 속에는 '존중'이라는 가치가 숨어 있습니다.

학생들은 무엇을 읽고 어떻게 쓸지를 스스로 선택하고 이를 통해 존중받고 있음을 느낍니다. 하고 싶은 대로 할 수 있기 때문에 배우는 것에 대해 긍정적인 마음을 갖게 됩니다. 이렇게 만들어진 호감은 자연스럽게 동기를 만들어 주고요.

그렇다면 독서와 글쓰기에 있어 선택권은 어떻게 줄 수 있을까요?

제가 추천하는 방법은 다양한 옵션을 주는 것입니다.

독서 선택권

- □ 어떤 책을 읽을 것인지
- □ 얼마만큼 읽을 것인지
- □ 언제부터 읽을 것인지
- □ 언제까지 읽을 것인지
- □ 혼자 읽을 것인지 함께 읽을 것인지
- □ 읽은 다음 독후 활동을 어떻게 할 것인지
- □ 여러 권을 읽은 뒤에는 스스로에게 어떤 보상을 주고 싶은지

글쓰기 선택권

- □ 어떤 내용을 쓸 것인지
- □ 어떤 방법으로 쓸 것인지
- □ 어떤 구조로 쓸 것인지
- □ 언제 쓸 것인지
- □ 얼마만큼 쓸 것인지
- □ 몇 번 고쳐 쓸 것인지
- □ 다 쓴 뒤에는 누구에게 보여 줄 것인지
- □ 보여 준 다음에 다시 고쳐 볼 것인지, 그대로 둘 것인지
- □ 잘 안 써지거나 생각이 안 날 때는 어떻게 할 것인지

선택권을 준다는 것이지 "너 하고 싶은 대로 해!"가 아닙니다. 이 모든 선택을 할 때 아이들과 함께 의논하세요. 무엇을 읽고 무엇을 쓸지 부모나 교사가 결정하는 게 아니라 학생과 함께 선택한다는 생각을

가져야 합니다. 다만 한 가지, 선택의 범위가 너무 넓어지지 않도록 주의할 필요가 있습니다.

아이스크림 가게에 갔을 때를 떠올려 보세요. 너무 많은 종류의 아이스크림 가운데 무엇을 먹어야 할지 고민스러웠던 경험이 있을 것입니다. 선택의 가짓수가 너무 많으면 오히려 혼란을 유발할 수 있습니다. 저학년이라면 더 심하죠. 선택의 경험이 부족한 학생에게는 몇 가지 보기만 제시하여 그중에서 선택하는 방식을 권합니다.

· 인정해 주자 ·

인간은 누구나 인정받고 싶어 합니다. 인본주의 심리학자 매슬로가 주장한 욕구단계이론의 네 번째 단계가 존중 욕구, 주목과 인정을 받으려는 욕구이지요. 인정받고 싶은 마음은 인간의 본성 중 하나입니다. 특히 초등학생은 더 그렇습니다. 저학년일수록 인정받고 싶은 욕구, 사랑받고자 하는 욕구가 크죠.

1, 2학년 아이들은 틈만 나면 교탁 앞으로 쪼르르 나와서 자기가 그린 그림을 내밉니다. 읽고 있는 책을 불쑥 내밀 때도 있고요. 처음에는 왜 이런 행동을 할까 궁금했는데, 시간이 지나면서 이유를 알게 되었죠. 잘했다고 칭찬받고 싶기 때문입니다. 다시 말해 인정받고 싶은 것이죠.

『논어』「학이편」에 "남이 알아주지 않아도 서운해하는 마음을 가지지 않으면 이 또한 군자가 아니겠는가?"라는 구절이 나옵니다. 인정받지 않아도 서운해하지 않으면 군자라는 뜻이죠. 바꿔 말하면 군자

정도 되어야 인정 욕구에서 자유로워질 수 있다는 것입니다.

아이들과 함께하는 아침 독서 시간에 이 구절을 읽으며 저는 한 가지를 다짐하게 되었습니다. 아이들을 많이, 자주 인정해 줘야겠다는 것입니다. 독서와 글쓰기 지도에 있어 아이들을 인정해 주는 방법으로 주로 두 가지를 사용하고 있습니다.

첫 번째는 큰 소리로 인정해 주기입니다. '칭찬은 큰 소리로, 비판은 작은 소리로'라는 교육계의 명언이 있습니다. 학생들을 인정해 줄 때 의도적으로 다른 아이들에게 들리게 하는 것입니다.

이를테면 한 아이가 자신이 쓴 글을 들고 오면 저는 이렇게 말합니다. "윤아가 쓴 글이 정말 재미있는데? 특히 여기서 이 단어를 사용한 게 인상적이었어." 그러면 다른 아이들이 궁금해하면서 물어 보죠. "뭔데요? 저도 보여 주세요." 이렇듯 큰 소리로 칭찬하게 되면 티 내지 않으면서도 은근히 인정받게 만들어 줄 수 있습니다.

두 번째는 인정의 수식어를 사용하는 것입니다. 아이의 장점을 이름 앞에 넣어서 불러 주세요. "매일 30분씩 꾸준히 독서하는 재원이", "마음을 표현하는 글을 잘 쓰는 지원이", "상상력 글쓰기를 재밌어 하는 제윤이"처럼 말이죠. "지아야, 오늘도 글쓰기 해 볼까?"와 "매일 꾸준히 글쓰기를 하고 있는 지아야, 오늘도 글쓰기 해 볼까?"의 파급력은 분명 다를 테니까요.

매슬로에 따르면 존중 욕구의 다음 단계는 자아실현 욕구입니다. 다시 말해 인정 욕구가 충족되어야만 그다음 단계인 자아실현 욕구를 충족시키기 위해 노력하게 된다는 뜻이죠. 아이를 많이, 자주, 진심으로 인정해 주세요. 부모님, 선생님이 나를 인정하고 사랑해 주고 있다고 느끼면 아이들의 동기는 자연스럽게 생겨날 것입니다.

단, 부모님과 선생님에게 인정받으려는 마음이 너무 커지는 것은 항상 경계해야 합니다. 타인에게 인정받는 것에 집중하다 보면 어느 순간 공허함에 빠질 수 있기 때문입니다. 너무 인정받는 것에만 의존하고 있다는 느낌이 든다면 타인으로부터 인정받는 것보다 자기 존중(self-respect)이 더 중요하다는 사실을 이야기해 주세요.

· 기다려 주자 ·

동기부여와 기다려 주는 게 무슨 상관관계가 있을까요? 언뜻 보면 둘 사이에 연관성이 없을 것 같지만 기다려 주는 것과 동기부여 사이에는 밀접한 관계가 있습니다. 저는 충분히 기다려 줄수록 충분히 동기부여가 된다고 믿고 있습니다.

예를 들어 보겠습니다. 마라토너들은 42.195km의 마라톤 풀코스를 달리기 전에 워밍업을 합니다. 10분 정도 가벼운 스트레칭을 하는 선수가 있는가 하면, 경주 속도로 100m를 두세 번 빠르게 달리는 선수도 있습니다. 어떤 선수는 3km를 서서히 조깅하고, 또 다른 선수는 5km 정도 달려야만 몸이 데워진다고 합니다.

똑같은 42.195km를 달리는데 워밍업 방법은 왜 이렇게 다를까요? 그건 몸이 데워지는 속도가 사람마다 다르기 때문입니다. 마찬가지로 독서를 하거나 글쓰기를 하고 싶은 마음이 생겨나는 데에도 개인차가 있습니다. 배움의 끓는점이 다른 것이죠.

배움에 대한 동기가 생겨나기까지 걸리는 시간은 학습자마다 다릅니다. 모두가 같은 시점에 비슷한 정도로 동기부여되기를 바라는 것은 부모나 교사의 욕심일지 모릅니다.

아이가 책을 읽거나 글 쓰는 것을 아직 원하는 것 같지 않거나 열심히 참여하지 않는다면 이렇게 말해 보세요. "몸과 마음이 열심히 할 준비가 될 때까지 기다려 줄게. 준비가 끝나면 그때 이야기해 줄래?" 그런 다음 기다려 주세요. 모자람 없이 넉넉하게 기다려 주세요. 시간이 어느 정도 흐른 뒤에 "이제 준비 다 됐어?"라고 물어봐 주면 그걸로 충분합니다.

다른 아이들은 열심히 참여하고 있는데 그 친구만 안 하고 있어서 걱정된다고요? 걱정할 필요 없습니다. 마음이 준비되지 않은 상황에서 겉으로 흉내만 내는 것은 껍데기이기 때문입니다. 겉으로는 하고 있는 것처럼 보여도 머리와 마음속에서는 전혀 학습이 일어나지 않는 경우가 생각보다 많습니다. 배워야 할 내용이 감각 기억이나 단기 기억에 잠시 머물다가 금세 사라져 버리는 것이죠. 동기부여의 핵심은 "나는 할 수 있다.", "나는 지금 배우고 싶다."라는 의욕의 불꽃을 만드는 것임을 꼭 기억해 주세요.

미국 100달러 지폐의 주인공이자 건국의 아버지 중 한 사람인 벤자민 프랭클린은 "기다릴 줄 아는 사람은 바라는 것을 가질 수 있다."라는 말을 남겼습니다. 아이에게 진정으로 동기부여가 되길 원한다면 기다려 주세요.

참고문헌

제1장 '글포자' 우리 아이 구제 솔루션

- 교육부. (2018). 초등학교 교육과정. 교육부 고시 제2018-162호.
- 교육부. (2019~2020). 초등학교 국어 교사용 지도서 1학년~6학년.
- Catherine Clifford. (2018.12.5.). Billionaire Warren Buffett: This is the 'one easy way' to increase your worth by 'at least' 50 percent. CNBC. https://www.cnbc.com/2018/12/05/warren-buffett-how-to-increase-your-worth-by-50-percent.html. (2020년 12월 11일 접속).

제2장 설명하는 글쓰기

- 교육부. (2019). 초등학교 국어 5학년 2학기 지도서. p.325.
- 유시민. (2015). 유시민의 글쓰기 특강. 생각의길.
- 은유. (2017). 쓰기의 말들. 유유.

제3장 주장하는 글쓰기

- 고두현. (2018.07.19.). [천자 칼럼] 하버드의 글쓰기 수업. 한국경제. https://www.hankyung.com/opinion/article/2018071850761. (2020년 12월 11일 접속).
- 교육부. (2019). 초등학교 국어 5학년 1학기 교과서. p.158.
- 교육부. (2019). 초등학교 국어 5학년 1학기 교과서. p.159.
- 교육부. (2019). 초등학교 국어 6학년 2학기 교과서. p.278.
- 교육부. (2019). 초등학교 국어 6학년 2학기 교과서. p.283.

- 교육부. (2019). 초등학교 국어 6학년 1학기 교과서. p.124.
- 교육부. (2019). 초등학교 국어 6학년 1학기 교과서. p.131.
- 교육부. (2019). 초등학교 국어 6학년 2학기 교과서. p.120.
- 송숙희. (2018). 150년 하버드 글쓰기 비법. 유노북스.
- Abby Davis. (2017.10.27.) OREO Opinion writing. Youtube. https://www.youtube.com/watch?v=ZTWXWVvSpa0. (2020년 12월 11일 접속).

제4장 체험에 대한 감상을 표현하는 글쓰기
- 교육부. (2019). 초등학교 국어 6학년 1학기 교과서. p.144~171.
- 교육부. (2019). 초등학교 국어 6학년 2학기 교과서. p.84~111.

제5장 마음을 표현하는 글쓰기
- 강효미 외. (2015). 기적의 명문장 따라 쓰기. 길벗스쿨.
- 교육부. (2019). 초등학교 국어 4학년 2학기 지도서. p.151.
- 앙투안 드 생텍쥐페리. (2015). 필사의 힘 : 생텍쥐페리처럼, 어린 왕자 따라 쓰기. 미르북컴퍼니.
- 윤동주. (2016). 초등학생을 위한 윤동주를 쓰다. 북에다.

제6장 상상하는 글쓰기
- 월터 아이작슨. (2019). 레오나르도 다빈치. 아르테.
- Tom Kelly, David Kelly. (2013). Creative Confidence. Crown Business.

제7장 글쓰기 습관을 길러 줄 아홉 가지 비법
- 김이경. (2016.7.1.). 칭찬과 격려, 한 끗 차이가 만드는 결과. 앙쥬 블로그. https://m.post.naver.com/viewer/postView.nhn?volumeNo=8361070&memberNo=541939. (2020년 12월 11일 접속).
- 네이버 국어사전. https://ko.dict.naver.com/#/entry/koko/e15b7cb1879042e6bd34c5766d579296. (2020년 12월 11일 접속).
- 도모다 아케미. (2019). 아이의 뇌에 상처 입히는 부모들. 북라이프.

- 무라카미 하루키. (2016). 직업으로서의 소설가. 현대문학. p.161.
- 이해중. (2018.7.13.). 칭찬과 격려는 어떻게 다를까?. 샘스토리. https://samstory.coolschool.co.kr/zone/story/leehae83/streams/20083. (2020년 12월 11일 접속).
- 이해중 외. (2017). 격려하는 선생님. 학지사.
- 이해중. (2020). 교실 심리학. 푸른칠판.
- 임경선. (2010년 5월 15일). 하루키의 사생활을 엿보다. 한겨레. http://www.hani.co.kr/arti/specialsection/esc_section/420458.html, (2020년 12월 11일 접속).
- 임태희, 배준수, 윤미선, 양윤경. (2019.5.21.). 보여주는 교육의 중요성 '모델링'. Mookas. https://mookas.com/news/16824. (2020년 12월 11일 접속).
- 웬디 우드. (2019). 해빗. 다산북스.
- Bandura, A., & Walters, R.H. (1963). Social learning and personality development. Holt Rinehart and Winston: New York.

제8장 많이 읽으면 잘 쓸 수 있을까?

- 존 카우치, 제이슨 타운. (2019). 공부의 미래. 어크로스.
- TV CHOSUN. (2017.4.10.). 책을 반드시 소리 내서 읽어야 하는 이유. TV CHOSUN 블로그. https://m.post.naver.com/viewer/postView.nhn?volumeNo=7134838&memberNo=2614523. (2020년 12월 11일 접속).
- Johanna Weidner. (2017.12.5.). Reading aloud gives memory a boost: University of Waterloo study. The record. https://www.therecord.com/news/waterloo-region/2017/12/05/reading-aloud-gives-memory-a-boost-university-of-waterloo-study.html. (2020년 12월 11일 접속).